JOANN GARDNER-LOULAN
BONNIE LOPEZ • MARCIA QUACKENBUSH

LA MENSTRUACIÓN

QUÉ ES Y CÓMO PREPARARSE PARA ELLA

Ilustraciones
Patricia Rodríguez

Traducción
Rosario Camacho

GRUPO EDITORIAL norma

Barcelona, Bogotá, Buenos Aires, Caracas,
Guatemala, México, Miami, Panamá, Quito, San José,
San Juan, San Salvador, Santiago de Chile, Sao Paulo.

Edición original en inglés:
PERIOD
de JoAnn Gardner-Loulan, Bonnie Lopez y Marcia Quackenbush.
Una publicación de Volcano Press,
P.O. Box 270, Volcano, CA 95689, U.S.A.

Apartado Aéreo 53550, Bogotá, Colombia.
Edición revisada para España,
Gran Vía de les Corts Catalanes, 322-324, 08004 Barcelona.

Primera reimpresión, 1994
Impreso por Tercer Mundo Editores
Impreso en Colombia — Printed in Colombia
Noviembre, 1994

Dirección editorial, María del Mar Ravassa G.
Dirección artística, Mónica Bothe
Diagramación, María Clara Salazar
Diseño de cubierta, Jill Moore

ISBN 958-04-2029-7

Contenido

Este libro está dedicado a Billie Gardner Loulan, R.N.

Nuestros agradecimientos a todas las mujeres que nos permitieron publicar sus experiencias en estas páginas. Muchas otras amigas nos brindaron su ayuda y apoyo para la elaboración de este libro. Queremos dar las gracias muy especialmente a:

Joani Blank
Sandy Fujita
Jeanne McFarland, R.N.
Katharine y Larry Moore
Nici Muller, M.D.
JoAnn Ogden
Judith Supnik

Introducción

Las autoras de este libro somos Bonnie, JoAnn y Marcia; lo escribimos especialmente para las niñas que se están convirtiendo en mujeres. Pensamos que sería importante tener un libro que explicara algunos de los cambios por los que ellas pasan. Mientras lo escribíamos, hablamos de todos los temas imaginables y aprendimos de las experiencias que nos contaron nuestras amigas. Algunos de esos testimonios los hemos incluido en este libro.

Hablar con tus amigas a medida que lees los distintos capítulos de este libro podría ser una buena idea. Es mucho lo que podemos aprender unas de otras.

Esperamos que la lectura te resulte entretenida y que te gusten las ilustraciones.

¡Cuántos cambios!

Las revistas, las vallas publicitarias, la televisión y el cine nos muestran niñas y mujeres altas y delgadas, con rostros impecables, sin barros ni espinillas, que nunca tienen que usar anteojos y que no parecen tener el más mínimo problema. En realidad no hay muchas personas así; pero cuando vemos tantos ejemplos de gente perfecta empezamos a preocuparnos por nuestra cara o nuestro cabello.

Cuando estaba creciendo casi me enloquezco porque no tenía cintura. Todas las niñas que veía en el colegio o en la calle tenían cinturita de avispa. Todas, menos yo. Entonces, hacía dieta y me privaba de cosas que todas las demás niñas comían. ¿Sabes qué ocurrió? ¡Perdí peso y seguí sin cintura! Al fin me di cuenta de que tenía cierta contextura física y que, sin importar lo que comiera, seguiría teniendo cuerpo de nevera: una línea recta desde el tórax hasta las caderas. Saber que cada una de nosotras tiene una estructura corporal diferente me hace sentir mucho mejor.

Yo detestaba el vello que tenía sobre mi labio superior. Era negro, y muy notorio. Más tarde, en el colegio, conocí a una niña como yo y la observaba cuando los chicos se burlaban de ella. ¡Lo que más me sorprendía era que no parecía molestarse en absoluto! En ese momento dejé de preocuparme.

En nuestro mundo loco, nadie está contento con lo que tiene. A muchas niñas y mujeres siempre les parece que las demás tienen el pelo más hermoso, los pies más pequeños, la sonrisa más encantadora o los ojos más preciosos. Pero lo que la mayoría de las personas tienen en común son sus cuerpos, que pueden hacer cosas muy distintas, sin importar el color, el tamaño o la forma.

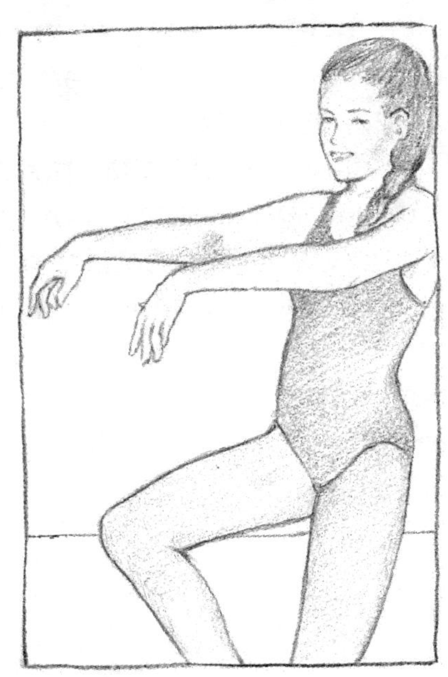

Podemos caminar, leer, cantar, darnos baños de burbujas; podemos degustar alimentos deliciosos, jugar al balón, escuchar el canto de las aves, bailar, correr, pensar, reír. ¡A veces nuestro cuerpo nos puede hacer sentir muy bien! ¿Te imaginas qué harías si no tuvieras cuerpo?

Hay personas que tienen limitaciones físicas. Esto significa que alguna parte del cuerpo no se mueve (está paralizada) o se mueve en forma incontrolable (es espástica). Hay personas que son ciegas, o sordas, o que tienen una pierna o un brazo más corto que el otro. A algunas les falta un miembro o una parte de un miembro (ha sido amputado por alguna razón). Muchas personas tienen cuerpos así, y es importante que todos aprendamos a apreciar las maravillas que nuestro cuerpo es capaz de hacer. Las personas limitadas pueden hacer cosas que las personas "normales" no pueden hacer; y las personas "normales" pueden hacer cosas que las limitadas no pueden hacer. Esto no quiere decir que una persona sea mejor que otra. Lo que ocurre es que somos diferentes.

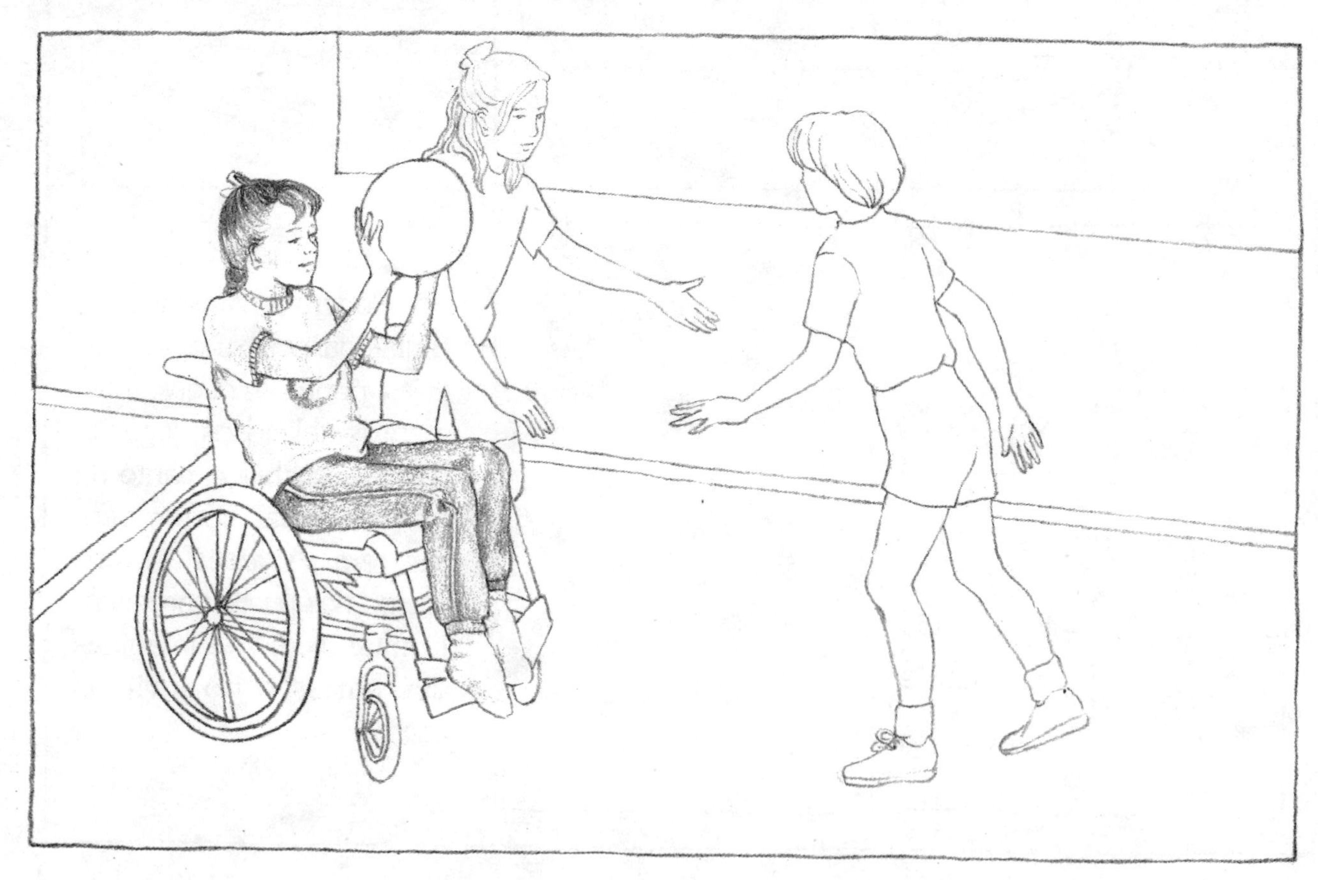

De nuestros padres heredamos algunas características, como el color de los ojos, de la piel o del cabello, o inclusive la estatura. Tal vez tú hayas heredado de tu madre el color del cabello y de tu padre el color de los ojos. Sin embargo, a veces pensamos que no podemos ser felices a menos que nos parezcamos a nuestra actriz de cine favorita o a nuestra amiga íntima, o a una tía. Es muy importante estar satisfechas con nuestro propio cuerpo. Gran parte del proceso de llegar a ser grandes es aprender a aceptarnos con las características especiales que cada una de nosotras posee.

Desde el momento de tu nacimiento tu cuerpo ha ido cambiando y creciendo. Entre los 10 y los 14 años se producen los cambios más evidentes. Es posible que empieces a tener barritos en la cara y que te empiece a salir vello en las axilas y a notarse más el vello de tus piernas. Hay quienes comienzan a sudar y este sudor puede cambiar de olor a medida que el crecimiento progresa. También crecen tus caderas y tus pechos y toda la forma de tu cuerpo empieza a cambiar. El área que rodea tus pezones, que se conoce por el nombre de aureola, se hace más prominente y puede cambiar de color. Es posible que a esta edad comiences a aumentar de estatura. Probablemente empezarás a notar que te sale vello abajo del ombligo, en el área cercana a las piernas. Es lo que se conoce como vello púbico.

Cuando me empezó a salir el vello púbico, pensé que algo andaba mal y empecé a depilarme con las pinzas depiladoras. Al fin me di cuenta de que era algo normal, cuando vi que crecía con más rapidez de lo que yo lo podía eliminar; ¡pero al principio me llevé un gran susto!

Es como si de buenas a primeras empezaras a vivir dentro de un nuevo cuerpo, al cual a veces es difícil acostumbrarse. Tal vez seas la primera de tu clase que tenga que usar brasier o la primera que comience a aumentar de peso y a verse mayor. Tal vez tus padres o tus hermanas y hermanos mayores empiecen a hacer comentarios incómodos acerca de tu apariencia. Es posible que los chicos o las otras niñas se burlen de tu nuevo brasier. Tal vez no lo creas, pero para la mayoría de nosotras, estos cambios no han sido fáciles.

¿Puedes pensar en tres cosas de tu cuerpo que realmente te agraden? ¿Te gusta el color o la suavidad de tu piel? Y ¿qué dices de tus piernas o de tus manos? Eres, en realidad, alguien especial y, cuanto más consciente estés de ello, más satisfecha estarás de ti misma.

¡Cuántas partes!

Algunos de los cambios que se producen en tu cuerpo durante el crecimiento se notan a primera vista, pero en tu interior se están produciendo otros cambios no tan notorios que afectan a tu vida y a la forma como te sientes.

En este capítulo y en el próximo se incluyen muchos diagramas que te ayudarán a comprender todo esto, pero recuerda que cada mujer es distinta y que ninguno de los diagramas corresponderá exactamente a tu caso o al de cualquier otra persona. Sólo te darán una idea de la forma y la ubicación de cada cosa.

En nuestro interior tenemos varios órganos. Una forma de verlos es mediante el diagrama de un "corte transversal". Este es un corte transversal de una manzana. Se ven las líneas y las formas y las semillas al interior de la manzana.

Los órganos internos a los que nos referiremos en este capítulo son órganos que sólo se encuentran en el cuerpo de las niñas y de las mujeres.

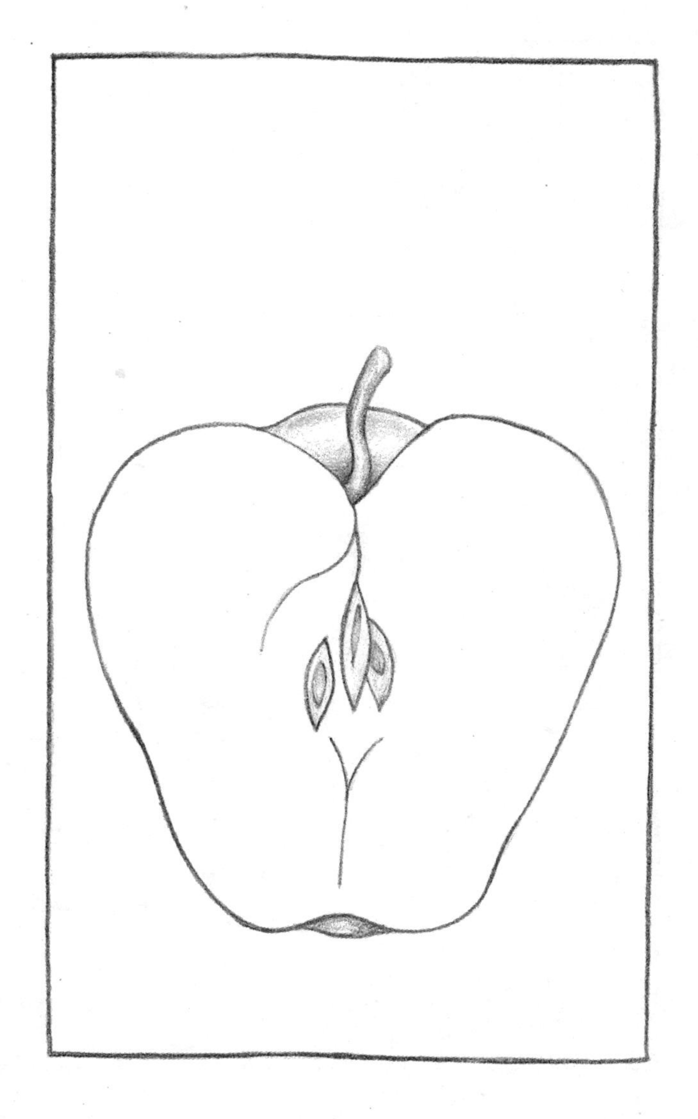

El cuerpo de una niña difiere del de una mujer, aunque no se puede decir exactamente en qué momento la niña se convierte en mujer. Desde el nacimiento nuestro cuerpo empieza a cambiar y ése es justamente el tema de este libro. En una niña pequeña, los órganos internos (órganos que todas tenemos en nuestro interior) se ven más o menos así:

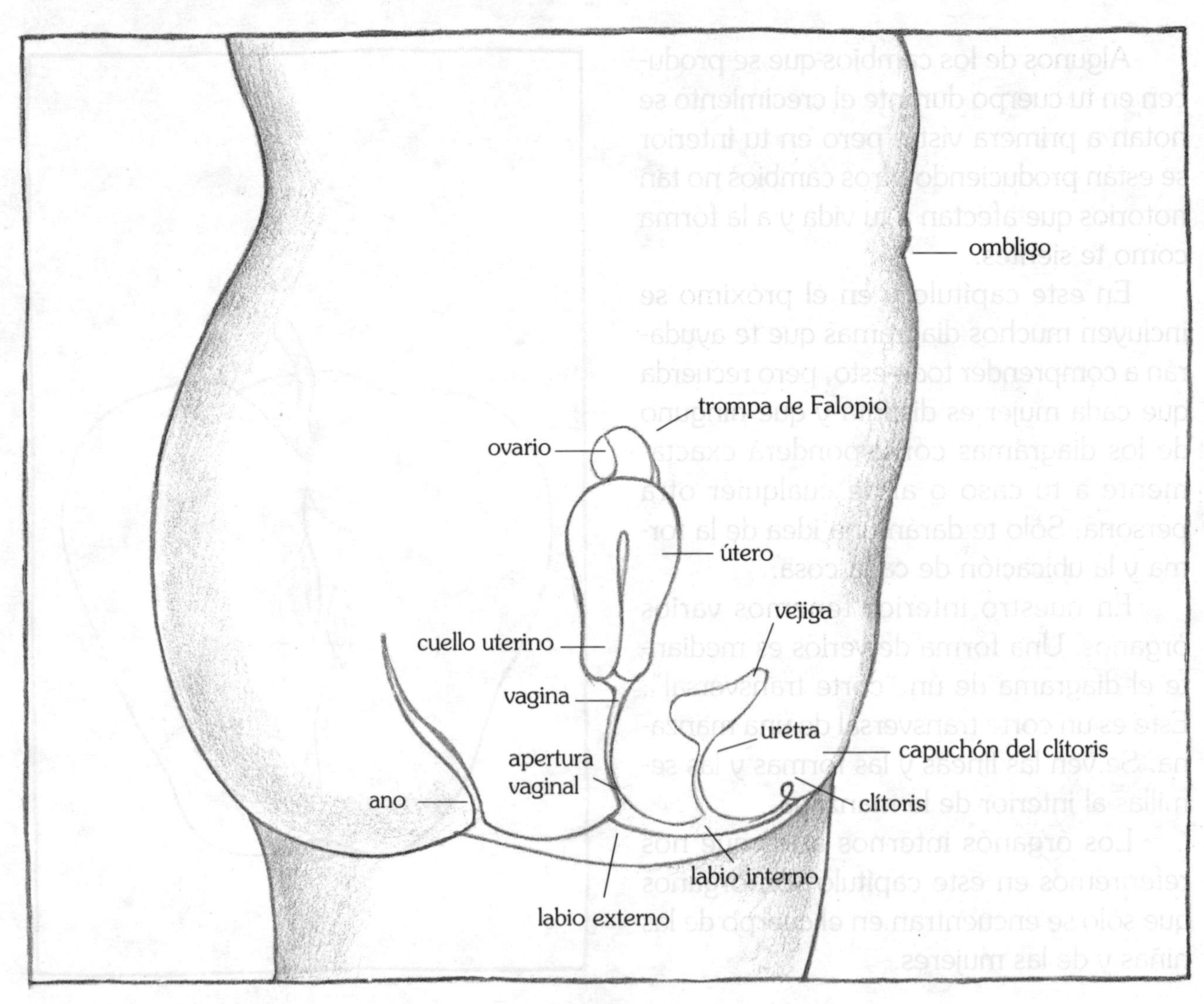

Este es el diagrama de una mujer adulta:

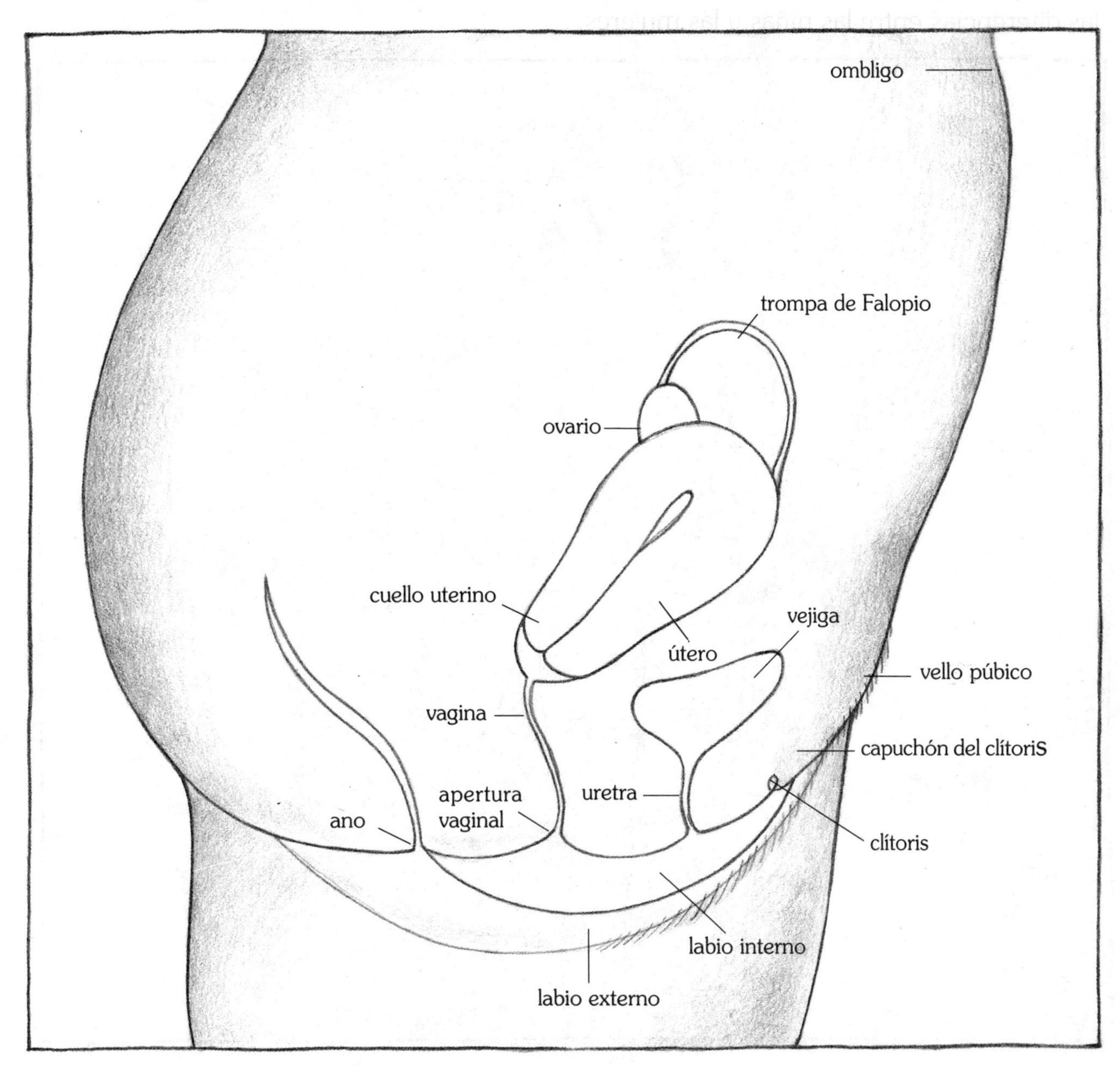

En estas dos páginas los diagramas muestran
las diferencias entre las niñas y las mujeres.

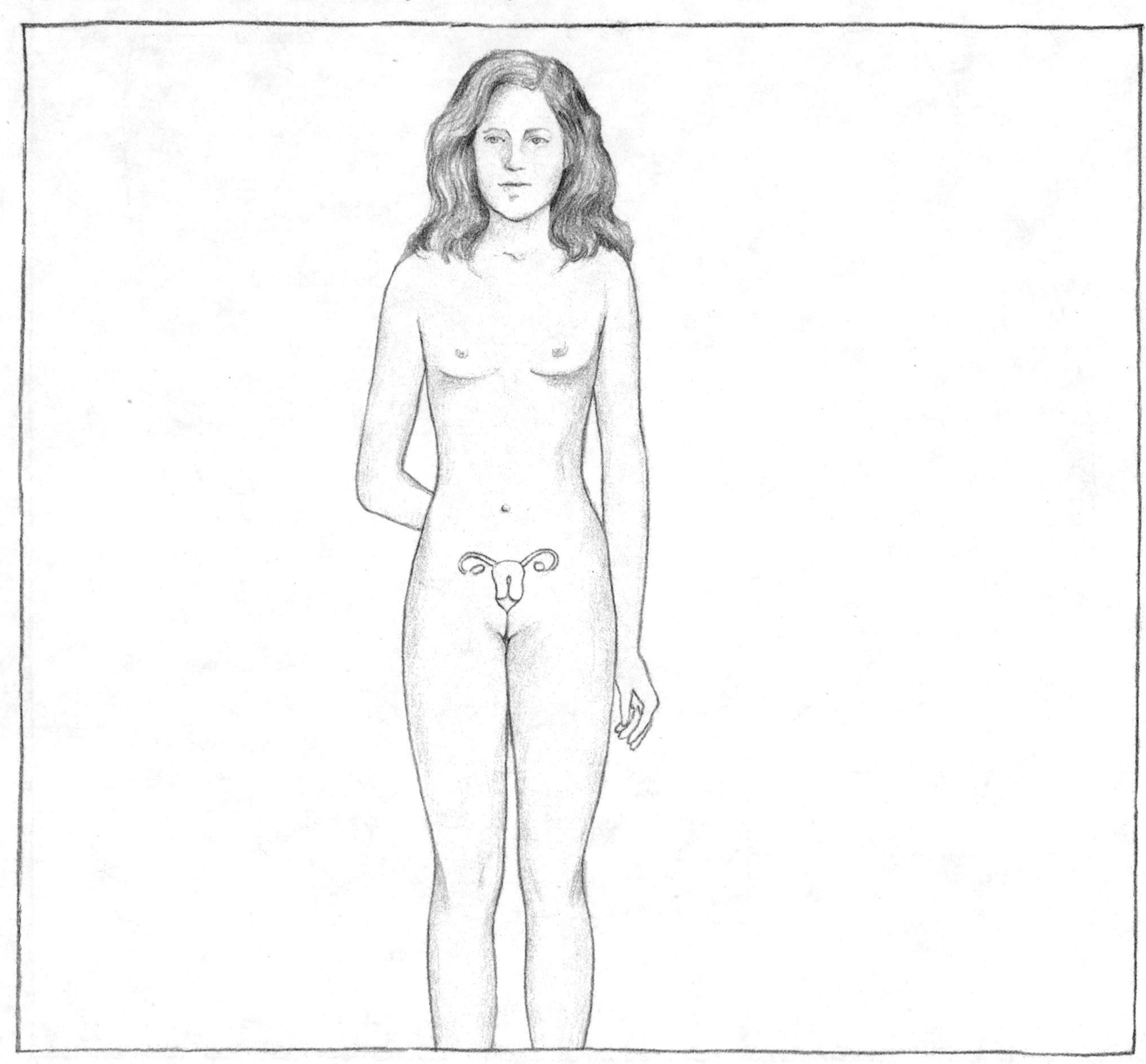

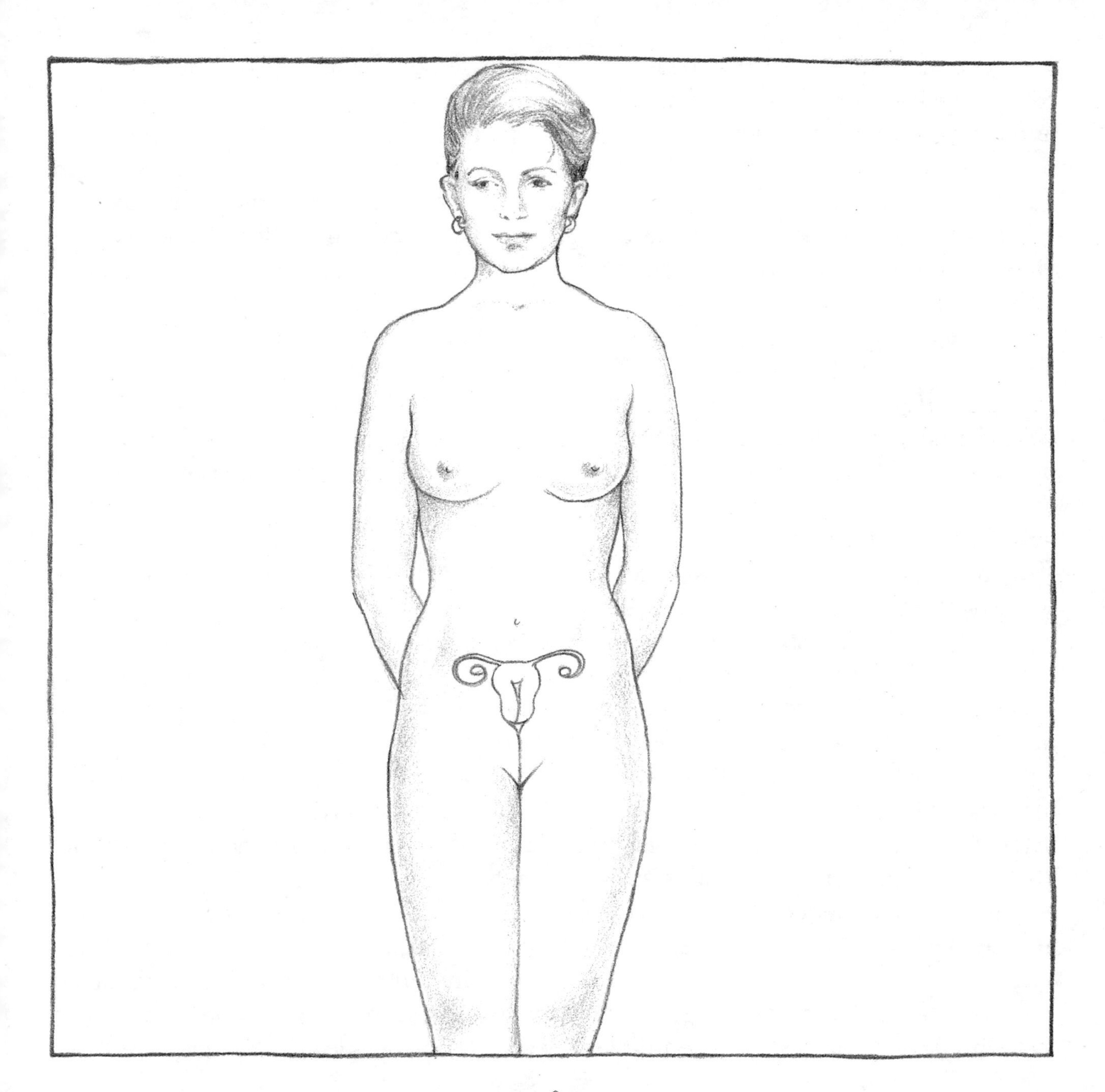

A continuación incluimos una lista de algunos de estos órganos, sus nombres y la razón por la cual los tenemos:

El *ano* es la abertura a través de la cual pasa la materia fecal.

El *útero* es donde un óvulo se convierte en un bebé cuando una mujer está embarazada.

La *vagina* es un canal que va desde el útero hasta el exterior del cuerpo.

El *cuello uterino* protege los tejidos delicados dentro del útero. Es una abertura que va desde el útero hasta la vagina. La abertura del cuello uterino es apenas del tamaño de un espagueti.

Los *ovarios* son los órganos en donde se encuentran todos los óvulos (huevos). El corte transversal muestra sólo un ovario, pero en el diagrama frontal se pueden ver los dos. Los ovarios tienen muchos más óvulos de los que se puedan necesitar o utilizar. Una niñita, al nacer, tiene aproximadamente 400 óvulos en cada uno de sus diminutos ovarios. Los ovarios son esponjosos y los óvulos están escondidos en pequeñas bolsas y pliegues. Cada óvulo es apenas del tamaño de la punta de una aguja.

Cada cierto tiempo se desprende un óvulo de un ovario, pasa por una de las trompas de Falopio y llega al útero. (Esto se explica más a fondo en el capítulo siguiente.) Cada trompa de Falopio tiene unos 12 cm de largo y no es más gruesa que un hilo. Estas trompas están recubiertas de un vello muy fino. Si se pudiera observar su interior a través de un microscopio parecerían terciopelo.

El *himen* es una piel muy delgada que rodea la abertura de la vagina.

La *abertura vaginal* es la entrada que lleva a la vagina.

La *uretra* es la abertura por donde sale la orina.

La *vejiga* es el sitio donde se encuentra la orina antes de que se elimine.

Los *labios internos* son los pliegues de piel que rodean la uretra y la abertura vaginal. Los *labios externos* son almohadillas de piel que protegen los delicados tejidos de esta región. A medida que una niña se va haciendo mayor aparece el vello de los labios externos; ésta es una protección adicional que se conoce como *vello púbico*.

El *clítoris* es una pequeña protuberancia de piel. Es muy sensible puesto que contiene un gran número de terminales nerviosos. Debido a esta gran sensibilidad, el clítoris tiene una cubierta que lo protege y que se conoce como capuchón del clítoris.

Los *genitales* es el término que se emplea para denominar toda la región del cuerpo de la que hemos venido hablando. Incluye los labios internos y externos, el clítoris, la uretra, la abertura vaginal y el ano.

El *útero* es un órgano muy interesante. Se conoce comúnmente como la *matriz*. Podríamos pensar que es muy grande, pues algún día tendrá que dar cabida a un bebé; pero, en realidad, es pequeño. Su tamaño podría ser aproximadamente el de tu puño. Cuando una mujer queda embarazada, el útero aumenta de tamaño a medida que el bebé se va desarrollando; pero una vez que éste nace, el útero se vuelve a achicar.

En la página 88 se presentan unos dibujos para recortar que muestran el tamaño real del útero de una mujer de unos 25 años y el tamaño del útero de una niña de 12 años. Si recortas estas figuras y las colocas sobre tu estómago, debajo del ombligo, tendrás una mejor idea del tamaño de tu útero o matriz.

La *vagina* es otro órgano que nos parece que debiera ser más grande puesto que por ahí tiene que pasar el bebé para nacer. Sin embargo, durante el nacimiento, la vagina se dilata. Los lados de la vagina, conocidos como paredes vaginales, están, por lo general, muy cercanos uno de otro; se tocan como una bomba desinflada. El espacio entre los dos es muy pequeño.

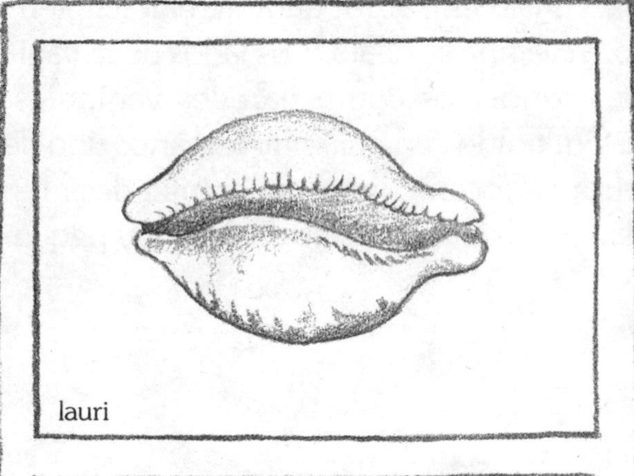
lauri

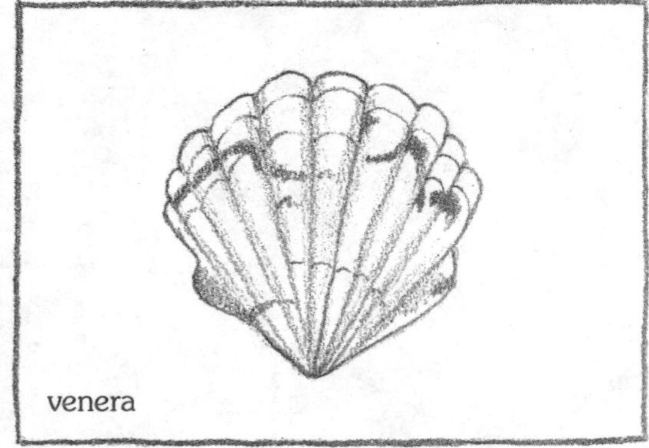
venera

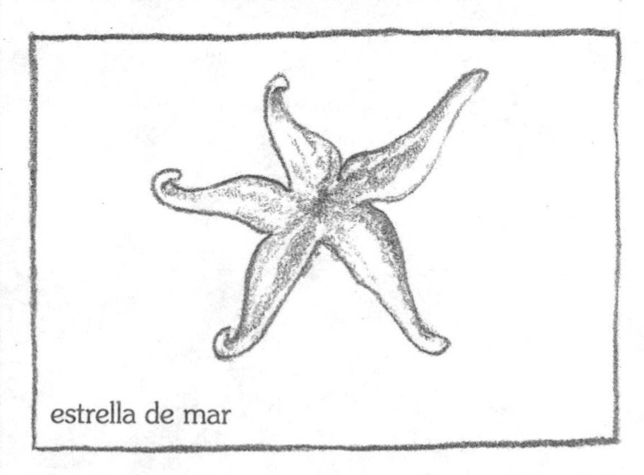
estrella de mar

En el capítulo 1 hablamos de los cambios que se observan y se sienten a medida que una niña crece, por ejemplo, el aumento de estatura, o el desarrollo del busto. Este capítulo describe algunos de los cambios que se producen en nuestro interior y que no se pueden ver. Aunque los genitales son órganos externos, no los vemos con mucha frecuencia.

Al igual que casi todas las demás partes del cuerpo, los genitales cambian a medida que crecemos pero, por lo general, no lo notamos. Muy rara vez vemos nuestros genitales, porque están escondidos. Cuando eras muy pequeña, tus labios internos casi no se veían. Eran pequeñísimos. A medida que vas creciendo tus labios internos van aumentando de tamaño; sin embargo, los labios internos no crecen en la misma proporción en todas las mujeres.

Así como todas tenemos diferente sonrisa y diferente color de pelo, los genitales también difieren entre una y otra persona. Podríamos compararlos con las flores o las conchas de mar. No hay dos flores que sean exactamente iguales, aun si se trata del mismo tipo de flor.

pensamientos
margaritas
rosas
geranios
alhelíes
iris

La menstruación

Cuando una niña crece, empieza a menstruar. ¿Cuál es exactamente el misterio de lo que conocemos como menstruación? Analicémoslo.

En un determinado momento de tu vida, tal vez a los 10, a los 14 o a los 18 años, las hormonas en tu organismo se vuelven muy activas. Las hormonas son sustancias químicas que tu cuerpo produce. Estas hormonas, en una forma muy especial, empiezan a indicarle a tu cuerpo que debe estar alerta, que debe prestar atención y que debe empezar a hacer cosas que no había hecho antes. Se producen cientos y cientos de mensajes como éstos, pero en este capítulo sólo mencionaremos unos pocos. Sería difícil y confuso tratar de recordarlos todos.

Lo primero que sucede es que un óvulo empieza a encontrar la ruta de salida de uno de tus ovarios. (Recuerda que este óvulo es apenas del tamaño de la punta de una aguja.) Este óvulo pequeñísimo flota y trata de salir del ovario para llegar al útero. Parece difícil, sobre todo porque el óvulo no tiene alas para volar ni ruedas para rodar, pero cada trompa de Falopio tiene unos vellos pequeñísimos en su extremo, casi como si fueran dedos. Estos vellos tienen un movimiento ondulante, como las olas del mar, que ayuda a que el óvulo entre en la trompa. Cuando esto ocurre, el óvulo recorre toda la trompa de Falopio hasta llegar al útero.

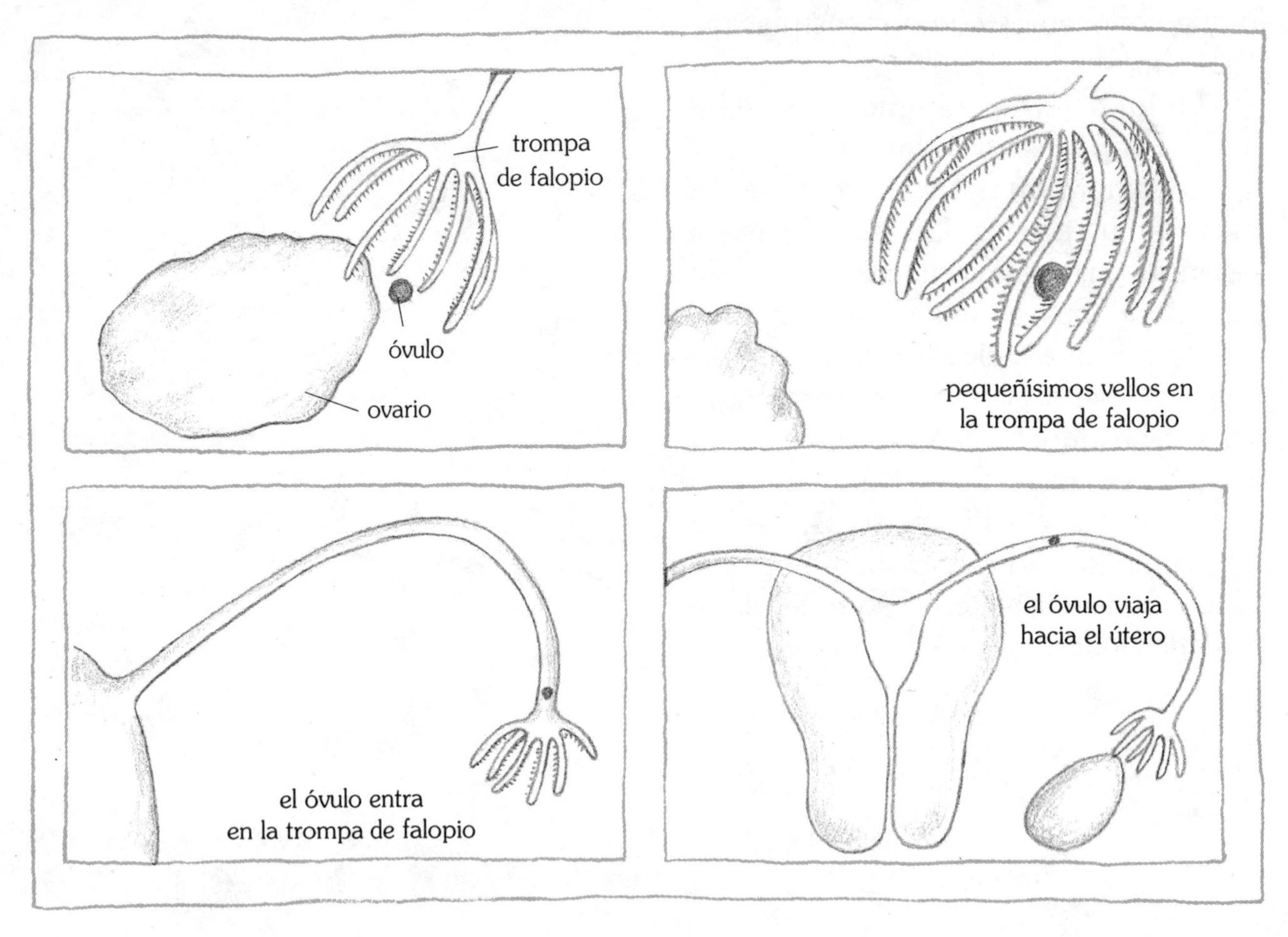

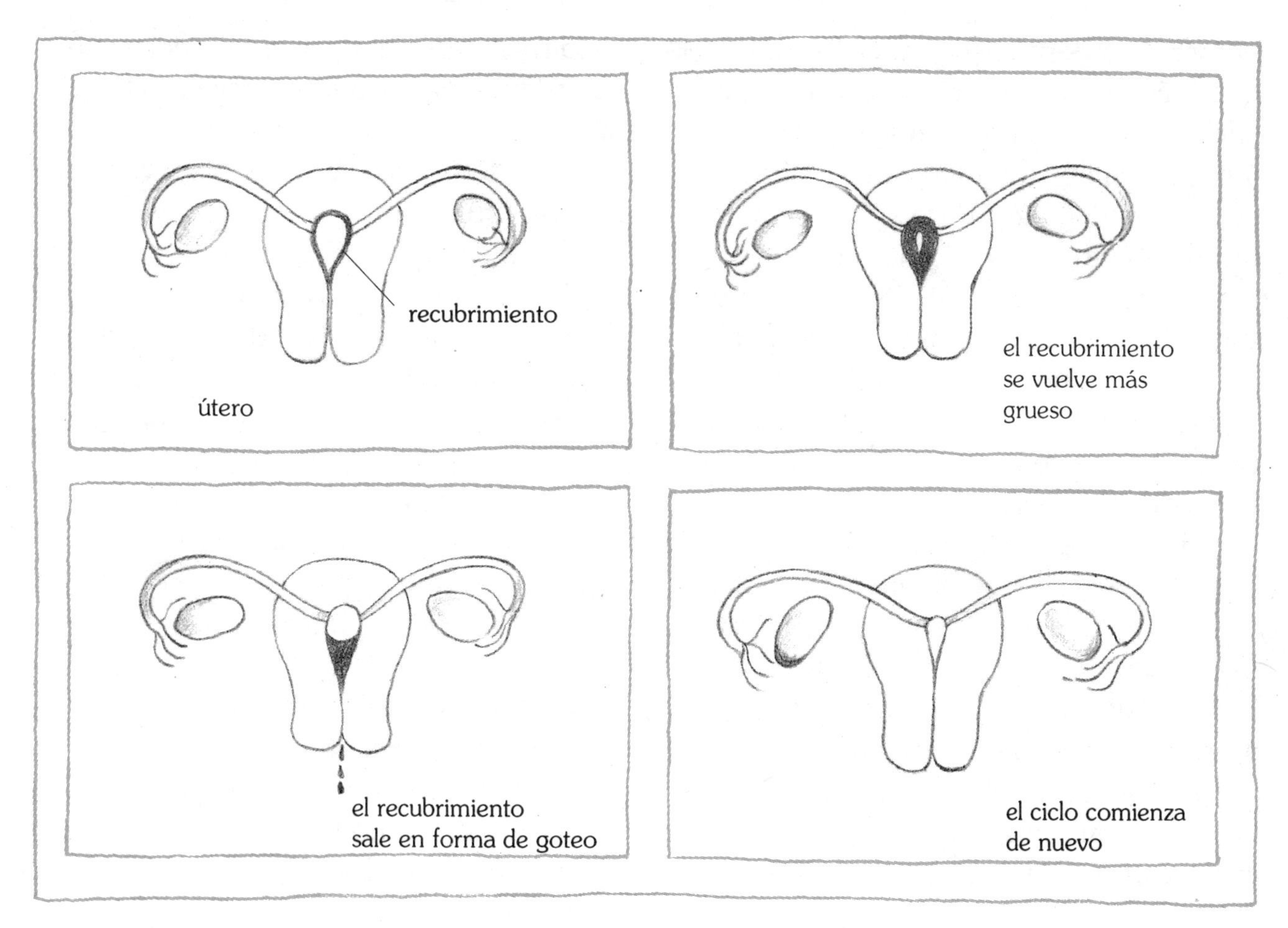

Mientras esto ocurre, tu útero comienza a acumular un recubrimiento de tejido nuevo y sangre, que se conoce como endometrio. (Este recubrimiento es fácil de imaginar si se piensa en el papel de colgadura que a veces se utiliza para decorar una habitación.) Cuando finalmente el óvulo llega al útero, el recubrimiento del útero está ya bien formado, pleno y suave. Si el óvulo va a permanecer allí por algún tiempo para convertirse en un bebé, este recubrimiento o endometrio permitirá que el bebé se desarrolle normalmente y en forma confortable. Sin embargo, la mayoría de las veces el óvulo está allí sólo por corto tiempo, podría decirse que de paso. Si el óvulo no permanece en el útero, el recubrimiento ya no será necesario, por lo cual este endometrio, compuesto de sangre y pequeñísimos fragmentos de tejido, sale en forma de goteo. Pasa por una pequeñísima abertura en el cuello uterino, sigue a través de la vagina y sale por la abertura vaginal. Unas dos semanas después, otro óvulo sale de uno de los ovarios y todo el ciclo se repite. Este proceso se conoce como "menstruar"; a veces también se habla de "tener la regla".

Se podría pensar que esto requiere mucho tiempo — ¡son tantas las cosas que ocurren!—, pero, en realidad, todo el ciclo menstrual toma aproximadamente un mes. El goteo de sangre y de partículas de tejido puede tomar de dos a ocho días, es lo que se conoce como flujo menstrual, y es diferente entre una niña y otra o entre una mujer y otra. Una vez que se ha iniciado el ciclo menstrual, el flujo se producirá mensualmente hasta que cumplas 40 o 50 años. A partir de esa edad, las hormonas emitirán otros mensajes y tu cuerpo dejará de menstruar.

En muchas niñas se presenta otro tipo de flujo vaginal. Por lo general es escaso. Puede ser transparente y delgado o pegajoso y amarillento o blanco. Puede tener un leve olor, o no tener ninguno. Es algo normal y no representa ningún problema.

Si el líquido es de color oscuro (café o verdoso), si el olor es muy fuerte, o si la vagina te arde o te pica, debes comentárselo a una persona mayor e ir a donde el médico.

Los siguientes capítulos hablan de lo que puedes sentir durante la menstruación, de las prácticas higiénicas que hay que observar y de cómo llegar a conocer tu ciclo y mantenerte saludable.

TAMPONS

¿Toallas o tampones?

Hace 75 años las niñas y las mujeres colocaban paños de tela doblados dentro de sus interiores para que el flujo menstrual no manchara su ropa. Ahora tenemos tantos productos entre los cuales elegir, que a veces es difícil decidirse por alguno de ellos. Tal vez te sea más fácil escoger uno cuando los conozcas y sepas cómo se usan.

LAS TOALLAS SANITARIAS

Las toallas sanitarias vienen en varios tamaños y están hechas de un material parecido al algodón. Tienen una banda adhesiva que las mantiene fijas en los interiores y se desprenden fácilmente para cambiarlas.

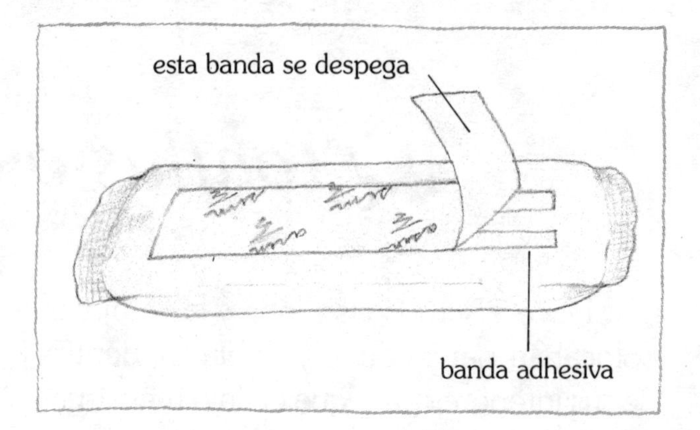

Un lado de la toalla sanitaria queda contra tu cuerpo y el otro contra tu pantaloncito. El lado que queda contra la ropa generalmente tiene una banda, un hilo de otro color o algún tipo de diseño para diferenciarlo del lado que debe quedar contra el cuerpo y que, por lo general, no tiene ninguna marca.

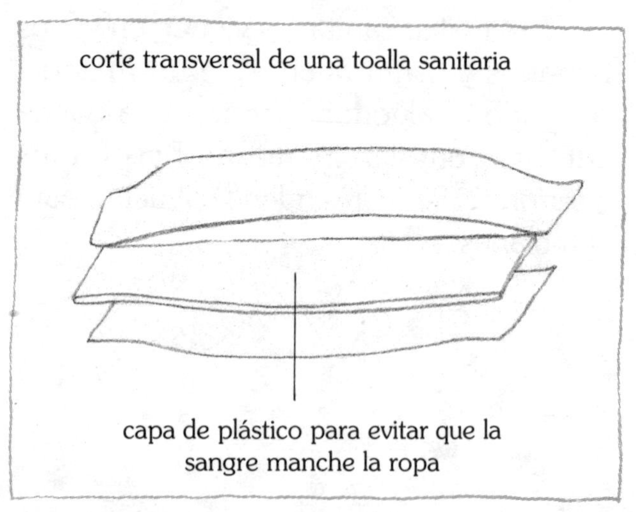

La primera vez que utilicé una toalla higiénica me sentía tan grande y abultada que pensaba que todo el mundo iba a notar que estaba menstruando. Me sorprendió mirarme al espejo y ver que no se notaba absolutamente nada.

Es cierto que, para muchas niñas, la toalla sanitaria es incómoda al principio. Pero las toallas se adaptan al contorno del cuerpo y, en realidad, no se notan. Si la toalla es demasiado grande y no te sientes bien, ensaya una más pequeña.

LOS TAMPONES

Los tampones son otro producto que se utiliza durante la menstruación en vez de las toallas higiénicas. Están hechos de material suave, prensado, y tienen esta forma:

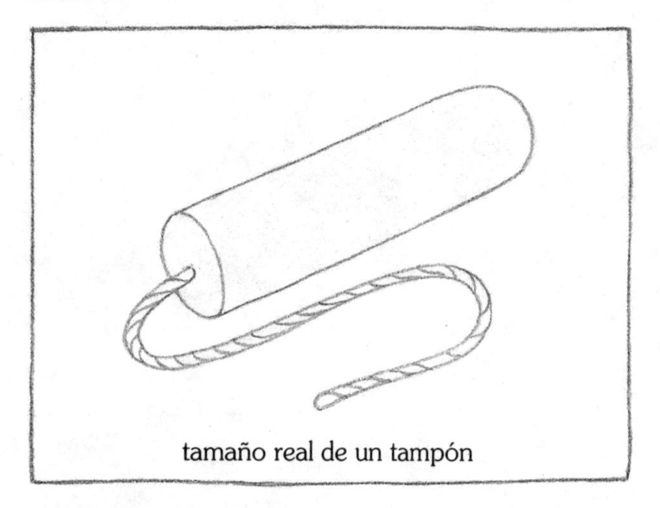
tamaño real de un tampón

Hay una cuerdita al extremo del tampón. Los tampones se insertan en la vagina y la cuerdita queda colgando por la abertura vaginal; cuando se desea retirar el tampón, se tira suavemente de la cuerda y éste sale sin ninguna dificultad. Los tampones, al igual que las toallas higiénicas, vienen en varios tamaños. Hay pequeños, medianos, grandes y extragrandes. Para empezar, ensaya un tampón pequeño; lo encontrarás más cómodo.

Algunos tampones traen un aplicador que ayuda a colocarlos dentro de la vagina. Este aplicador se desecha una vez que se ha colocado el tampón. Los aplicadores pueden ser de plástico, de cartón o de madera. Otros tampones no traen aplicador. Simplemente se utiliza el dedo para introducirlos en la vagina.

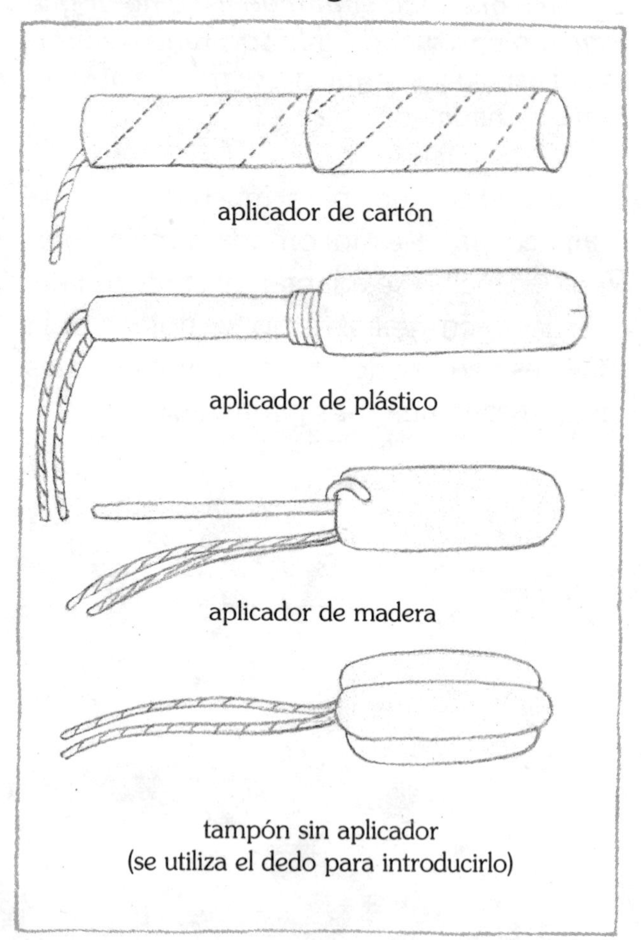
aplicador de cartón

aplicador de plástico

aplicador de madera

tampón sin aplicador
(se utiliza el dedo para introducirlo)

Si el tampón se coloca bien, no se sentirá en absoluto, aunque la primera vez puede ser difícil lograrlo.

Todas las cajas de tampones traen instrucciones. Léelas con cuidado si no estás muy segura de cómo usarlos, o habla con tu mamá o con una amiga que ya los haya utilizado. Así te será más fácil.

Si utilizas tampones es importante cambiarlos al menos cuatro veces por día (cada 4 a 6 horas). Tal vez te resulte mejor utilizar los tampones durante el día y una toalla higiénica durante la noche, para dormir. Esto contribuye a que tu vagina permanezca limpia y fresca.

Hay una enfermedad poco frecuente conocida como "Síndrome de shock tóxico". Es muy raro que se presente, pero cuando ocurre, generalmente se debe a que quienes la presentan no se han cambiado los tampones con la frecuencia necesaria. Para no tener problemas de salud, hay que cambiar el tampón cada 4 a 6 horas.

Las niñas y las mujeres que utilizan toallas higiénicas en lugar de tampones durante la menstruación, no tienen que preocuparse por esta enfermedad, pero deben cambiarse la toalla higiénica por lo menos dos veces al día, o con más frecuencia si el flujo es abundante.

Algunas niñas temen que un tampón pueda perderse dentro de la vagina. Esto no puede ocurrir porque, dentro de la vagina, el tampón no tiene ningún sitio a donde ir. La abertura del útero es demasiado pequeña para que el tampón pueda pasar por allí y los músculos de la vagina impiden que el tampón se salga.

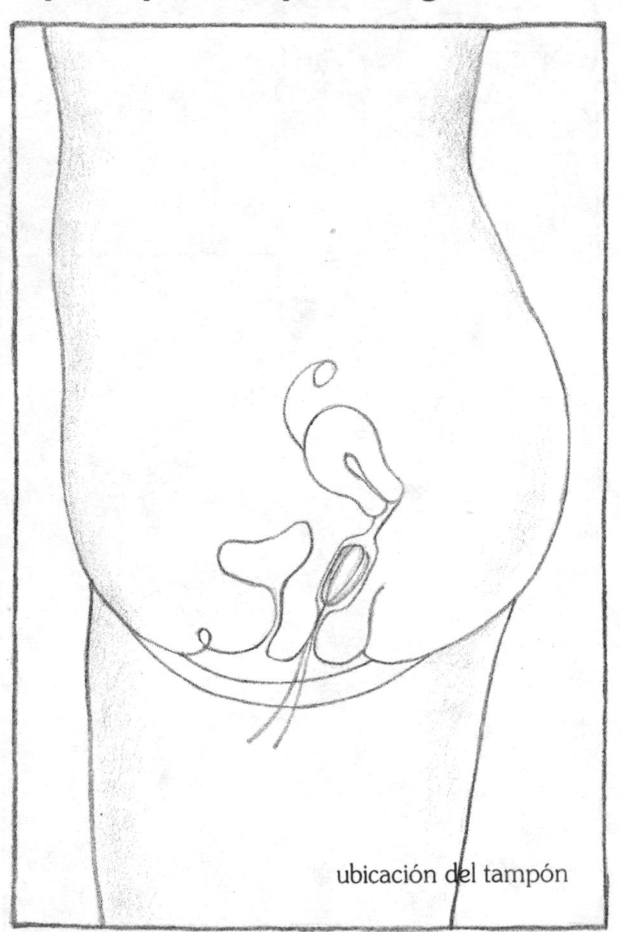

La mayoría de las niñas utilizan toallas higiénicas cuando empiezan a menstruar. Más adelante tal vez quieras ensayar los tampones. Lo más importante es que te sientas cómoda con el sistema que elijas. Con un poco de experiencia cada niña encontrará el producto que mejor se adapte a sus necesidades.

Una vez usados, tanto el tampón como la toalla deben envolverse en papel higiénico o papel periódico y tirarse a la basura. Algunas personas los echan por el inodoro, pero algunos inodoros pueden taparse y producir todo un problema.

En una ocasión, la regla me llegó muy tarde un domingo por la noche y no tenía toallas higiénicas ni tampones. Busqué una toalla facial limpia, la doblé al tamaño adecuado y la utilicé como una toalla higiénica. A la mañana siguiente la lavé con agua fría. Me dio muy buen resultado.

Si te llega la regla y no tienes toallas higiénicas ni tampones, recuerda lo que hacían nuestras abuelas antes de que existieran estos productos en el mercado. Hay quienes hoy todavía prefieren utilizar toallas o algún otro tipo de tela similar, en lugar de toallas higiénicas o tampones.

Es posible que veas avisos en las revistas que hablan de aerosoles y duchas para uso vaginal. Una ducha es un líquido que se utiliza para lavar la vagina. Supuestamente los aerosoles vaginales son para mantenerte "limpia y fresca". Sin embargo, se ha comprobado que, en muchas mujeres, los aerosoles producen infecciones o erupciones. La vagina se limpia sola (al igual que los ojos).

La única razón para utilizar una ducha es que haya algún problema de salud y el médico recomiende su uso.

Tengo una pregunta al respecto

Tenía muchas preguntas y temores acerca de la menstruación. Nadie me había dicho lo que iba a sucederme. Vi una película sobre la menstruación en el colegio, un año después de haber comenzado a menstruar. ¡Ya para qué!

La menstruación es un gran acontecimiento en nuestra vida. La forma como la aceptemos depende de lo que nos hayan dicho nuestras madres, nuestras amigas, nuestras hermanas mayores, nuestras abuelas o nuestras tías. Si nadie nos habla de la menstruación, ésta puede ser algo muy intrigante.

Nuestro cuerpo experimenta muchísimos cambios, sobre todo durante la adolescencia, y suele ser de gran ayuda saber de antemano lo que nos va a ocurrir. Es muy normal que tengamos interrogantes acerca de la menstruación. Muchas niñas se preguntan qué ocurrirá cuando les venga la regla o qué deben hacer para saber que han comenzado a menstruar.

Estaba muy preocupada porque ya tenía 16 años y no me había venido la regla. Todas mis amigas ya menstruaban. ¡Hasta mi hermana menor había comenzado a menstruar antes que yo! Me sentí muy contenta cuando al fin yo también comencé a hacerlo.

*

Cuando al fin empecé a menstruar, el flujo era bastante abundante. Me asusté porque no pensé que me fuera a salir tanta sangre. Ahora sé que esa es la cantidad correcta para mi tamaño.

Comenzar a menstruar es una experiencia única. Nadie puede decir cómo será para otra persona. Pero cuanto más se sepa acerca de la menstruación, más fácil será el proceso.

Puesto que cada cuerpo es distinto, la menstruación empieza a distintas edades. La mayoría de las niñas probablemente empezarán a menstruar entre los 11 y los 13 años. No hay una edad mejor que otra para comenzar a menstruar. La menstruación no significa que la mujer sea más o

menos madura según la edad a la que le venga la regla. Puede empezar a los 10 o a los 18 años sin que eso afecte para nada a la madurez. Por lo general el organismo sabe cuál es el mejor momento para que se inicie la menstruación.

Yo me preguntaba qué tanta sangre me iba a salir de la vagina. ¿Saldría a chorros?

La cantidad de sangre varía de una niña a otra, especialmente durante los dos primeros años de la menstruación. Algunas pueden perder apenas el equivalente a una cucharada de sangre, mientras que otras pueden perder el equivalente de hasta seis cucharadas por ciclo. La sangre no sale toda a la vez. Sale poco a poco, o en goteo, y una menstruación puede durar de dos a ocho días. Algunas pierden más sangre durante los primeros días y menos en los días siguientes. Algunas sangran más el segundo día. Para cada una de nosotras, la menstruación es diferente.

Algunas niñas ensayan a utilizar una toalla higiénica antes de comenzar a menstruar. Así pueden aprender a usarla y saber cómo se sienten. Es posible que si tú lo haces, al principio te sientas incómoda o abultada, pero este ensayo preliminar

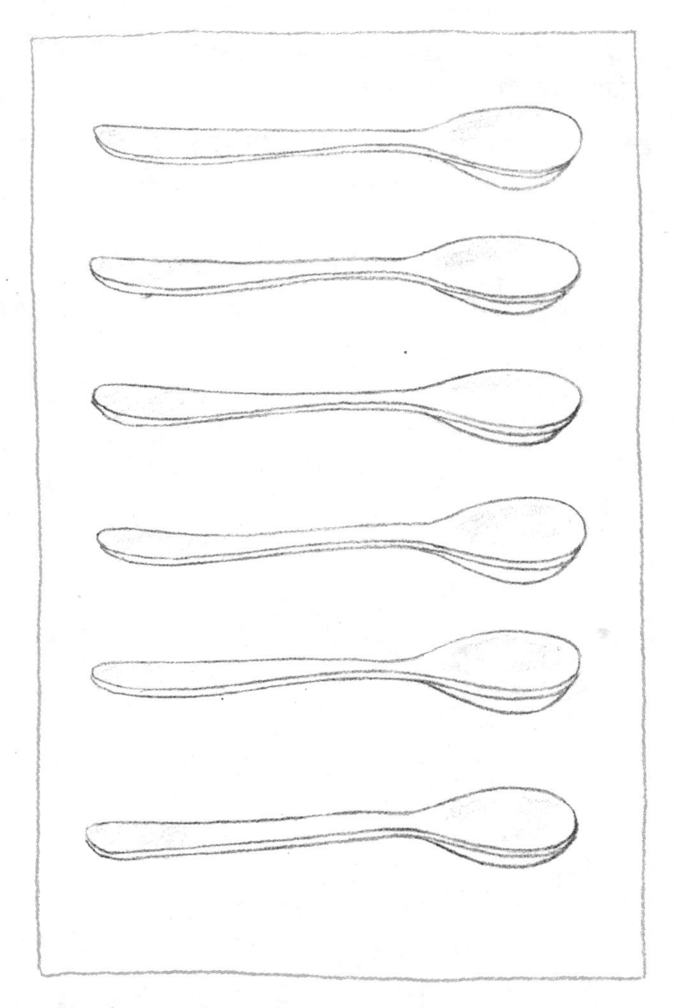

puede ayudarte a eliminar confusiones. Si utilizas una toalla higiénica que te hace sentir demasiado abultada e incómoda, ponte inicialmente una minitoalla. Son más pequeñas y tal vez las encuentras más útiles. Tú misma debes decidir lo que más te convenga.

¿Qué pasa si me llega la regla durante la clase de matemáticas?

Sería bueno que pensaras también en lo que puedes hacer si la regla te llega cuando estás en el colegio. Estas son algunas sugerencias: Primero que todo, pide permiso para salir de clase un momento. Si llevas un bolso y tienes una toalla sanitaria por si acaso, todo estará bien. Es posible que ya hayas practicado antes y sepas cómo usarla.

Si no tienes una toalla sanitaria, tal vez tu colegio tenga una máquina dispensadora de toallas en el baño de niñas, en la que se puede obtener una toalla insertando una moneda; pero ¿qué ocurre si el colegio no tiene este tipo de máquina o si no tienes una moneda, o si la máquina dispensadora de toallas higiénicas está vacía? Por lo general, podrás conseguir toallas higiénicas en la enfermería, y si acudes a la enfermera ella te podrá ayudar.

Si se te manchó la ropa interior, tal vez puedas esperar hasta llegar a casa para cambiarte. Si te sientes incómoda o si tu ropa se ve manchada, la enfermera o la profesora te dará una excusa para que vayas a casa y te cambies.

Cuando ya hayas comenzado a menstruar, sabrás con más exactitud cuál es el día del mes en que la menstruación te va a llegar y podrás prepararte y llevar una toalla sanitaria, pero si te toma por sorpresa, los pasos ya indicados pueden serte útiles.

Tu cuerpo experimenta muchos cambios, sobre todo durante la adolescencia, cuando se inicia la menstruación. A veces pueden pasar varios años antes de que el ciclo se regularice y de que te acostumbres a este nuevo proceso de tu organismo. Esto significa que es posible que a veces la regla no te venga durante un mes o inclusive durante seis meses. Puede suceder, también, que un mes tengas flujo abundante y al mes siguiente muy poco o casi nada. Más tarde, tu organismo determinará un ciclo y la regla te vendrá cada 26 a 32 días, o más o menos una vez por mes. Muchos libros dicen que los ciclos menstruales de la mujer son de 28 días, pero esto es apenas un promedio y no un ciclo exacto.

Un buen método de saber cuándo te llegará la regla es marcar en un almanaque los días de tu menstruación. Así tendrás una idea de cuál es tu ciclo y de los días entre una y otra regla. Los ciclos menstruales se miden desde el día en que comienza la regla hasta el día de la siguiente menstruación. Una vez que has empezado a menstruar, si tu ciclo no parece ser regular, convendría comentárselo a alguien (a tu madre o a otra persona a la que le tengas confianza) y consultar con un médico.

Las familias y los amigos reaccionan en forma muy diferente cuando una niña empieza a menstruar. Estas reacciones nos hacen sentir orgullosas o a veces incómodas.

Cuando comencé a menstruar, mi madre se lo contó a mis hermanos mayores, a mi padre y ¡hasta a los vecinos! Todavía hoy me siento incómoda cuando empiezo a menstruar.

Mi familia preparó una cena especial la noche que empecé a menstruar. Me sentí muy orgullosa y muy contenta pues me estaba haciendo grande, y ellos lo sabían.

Podría ser interesante que te enteraras de experiencias similares que hayan podido tener tu madre o tus amigas, cuando les llegó la regla. Cuando a uno le está ocurriendo algo nuevo y piensa que es la única persona en el mundo a quien le sucede, es tranquilizante hablar con alguien.

Me gusta hablar de lo que pienso y siento con mis amigas. Antes me sentía incómoda al hacerles ciertas preguntas, pero ahora ya no, porque me he dado cuenta de que a las personas les encanta hablar de ellas mismas. Por ejemplo, si soñaba algo extraño pensaba que yo era rara, pero cuanto más hablo con mis amigas, más cuenta me doy de que mis sueños no son muy distintos de los de ellas.

Lo mismo ocurre con la menstruación: cuanto más hablas con otras personas, más cuenta te das de que tus experiencias, tus sensaciones y tus pensamientos son parecidos a los de ellas.

A veces las niñas y las mujeres tienen cólicos durante la menstruación. Estos cólicos duelen. Algunas los pueden tener más fuertes, mientras que otras casi no se dan cuenta de que están menstruando. Los cólicos se producen cuando tu matriz o útero, que es un músculo, se contrae como se contraen los músculos de los brazos cuando se aprieta el puño.

Si tienes cólicos, hay varias cosas que pueden ayudarte a aliviarlos.

El calor hace que los músculos se relajen, por tanto, ponerte una bolsa de agua caliente o una almohadilla eléctrica sobre el estómago pueden ayudarte a aliviar el cólico. Recuerda que tanto las bolsas de agua caliente como las almohadillas eléctricas pueden producir quemaduras si se utilizan por mucho tiempo o si están muy calientes. Consulta antes con tu madre o con alguien que sepa usarlas, y pídele que te enseñe a ponértelas sin ningún riesgo.

Un baño de agua tibia o una bebida caliente, como té o chocolate, puede hacerte sentir mejor.

Caminar despacio puede aliviar el cólico.

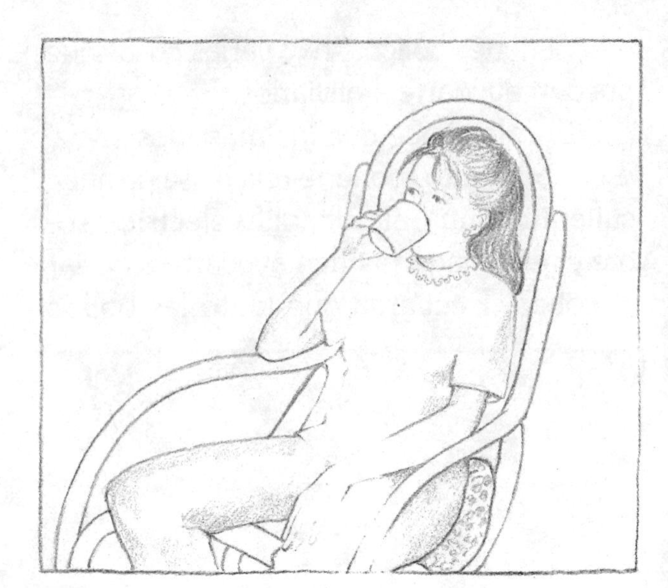

A veces un simple masaje en el estómago te puede hacer sentir mejor. Puedes ensayar a acostarte bocarriba, doblar las piernas de manera que las rodillas queden levantadas y hacer pequeños círculos con las rodillas. Este es otro tipo de masaje.

Adoptar la posición que indica la ilustración también ayuda. Alivia porque el útero queda colgando hacia abajo y se relaja con más facilidad.

BANANA SPLIT

También conviene tomar comidas livianas justo antes de que te venga la regla. La razón es que el intestino se encuentra muy cerca de la matriz y si has comido mucha pizza o muchos helados con salsa de chocolate, tu intestino grueso estará lleno y ocupará más espacio. Durante los dos primeros días de la menstruación, la matriz se inflama y ocupa más espacio dentro de tu cuerpo. Si comes menos, quedará más espacio para la matriz, lo que reduce la posibilidad de que se contraiga y te produzca cólicos. Ensaya a hacer esto, si tus cólicos son muy fuertes.

Cuando te venga la regla, haz lo que sientas que más te conviene a ti. Hay mujeres que pueden hacer lo que quieran durante la menstruación: correr, nadar, hacer deportes; otras no. Puesto que todas somos tan distintas, cada cual tiene que decidir lo que más le conviene. A fin de cuentas, nadie conoce mejor su propio organismo que uno mismo.

Un día que tenía un cólico muy fuerte, mis amigas me hicieron sentir como una tonta porque no quise ir con ellas a una heladería. Me hicieron sentir mal sólo porque estaba tratando de cuidarme. Ahora que lo pienso, sí actué como una tonta, pero no por no ir con ellas, sino por dejar que su actitud me afectara.

Para mí, la regla nunca ha sido un problema. Nunca he tenido cólicos y la menstruación no me afecta para nada. Sigo corriendo, nadando y haciendo todo como de costumbre. Por el contrario, creo que durante esos días tengo más energía.

*

Me ponía de mal genio cuando me venía la regla. Me parecía que me impedía hacer otras cosas, como jugar baloncesto. Me encanta el baloncesto. Pero ahora pienso que la menstruación es una señal de que mi organismo está sano y de que funciona como debe ser. He aprendido a descansar y a cuidarme. Preparo la bebida caliente que más me gusta y me siento a leer un libro que no haya tenido tiempo de leer; a veces escucho música y sueño despierta. ¡Ahora me siento como en vacaciones!

Hay quienes dicen que no es buena idea nadar cuando se tiene la regla. Nadar no hace daño en absoluto. Es posible que el agua fría interrumpa la menstruación por un rato y que el agua caliente (como la de un baño) produzca un flujo un poco más abundante. Si tienes ganas de nadar está bien. Tal vez sea más cómodo usar un tampón, pues la toalla higiénica se moja y se apelmasa.

No olvides que cualquier cosa que hagas durante la menstruación, trátese de jugar baloncesto, de leer un libro o de nadar, depende de cómo te sientas. No hay nada correcto o incorrecto; lo importante es que tú sientas que te conviene.

Probablemente te hayan dicho que, cuando tienes la regla, despides un olor que otras personas pueden sentir. Puesto que el calor, el aire y los olores se desplazan hacia arriba, generalmente somos las únicas que podemos sentir el olor de nuestro propio flujo menstrual (si es que huele). Mientras laves tus genitales con agua y jabón, como de costumbre (o con más frecuencia, si así lo deseas), y mientras te cambies la toalla sanitaria o el tampón con la frecuencia necesaria, no tendrás problemas con el olor. Es posible que pienses que hueles y que molestas a cualquier persona que se te acerque, pero eso es simplemente porque sabes lo que te está ocurriendo, no porque tengas algún olor.

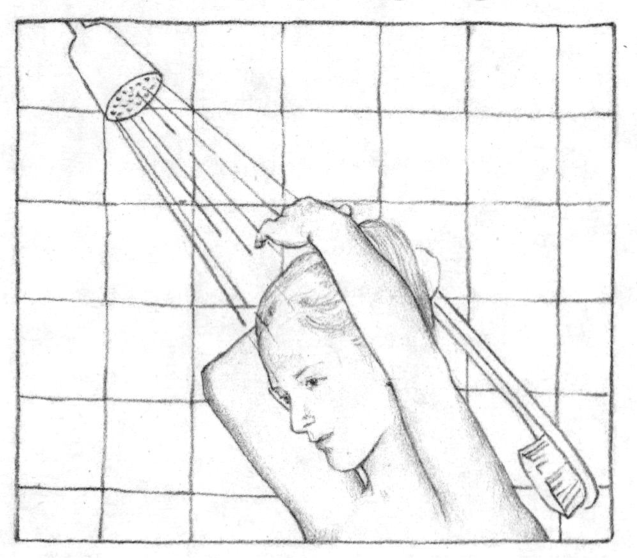

Es muy común que durante la menstruación la ropa interior se manche. Si hay manchas de sangre en tus pantaloncitos, enjuágalos primero con agua fría y después lávalos como de costumbre con agua y jabón; así quedarán limpios. Como último recurso puedes usar blanqueador, sobre todo si las manchas son ya viejas.

Yo crecí en un pueblo pequeño donde conocía a todos los que trabajaban en la farmacia. Era muy incómodo para mí tener que comprar toallas higiénicas a personas que conocía y siempre le pedía a mi madre que lo hiciera.

A veces tener que entrar en un supermercado o en una farmacia a comprar toallas higiénicas o tampones es incómodo. Parece como si todo el mundo nos mirara, sobre todo los chicos. Pero, al igual que todo lo que hacemos una y otra vez, esto pierde importancia después de un tiempo.

En este capítulo hemos analizado muchas cosas. Tal vez hayamos dado respuesta a algunos de tus interrogantes, pero lo más probable es que se hayan quedado otros sin responder. Cuando tengas alguna otra duda, habla con alguien a quien le tengas confianza para que te la resuelva.

¿Por qué me siento así?

A medida que crecemos, podemos observar que hay muchas cosas que van cambiando en nuestro cuerpo y a veces cambian también nuestros sentimientos y emociones. Es natural que tengamos nuevas ideas y sensaciones en diferentes etapas de nuestras vidas, pero como no las podemos ver ni tocar, las emociones pueden confundirnos.

Es muy posible que al empezar a menstruar te des cuenta de que cada vez que te viene la regla se afecta tu estado de ánimo. Las niñas y las mujeres tienen distintas sensaciones y, como ocurre con muchas otras cosas, no hay dos personas que sientan exactamente lo mismo. Hemos hablado con muchas mujeres y con muchas niñas que menstrúan y les hemos preguntado cómo se sienten antes, durante y después de la regla. A continuación presentamos algunas de sus respuestas:

Carolina: “Cuando me llega la regla siento como si formara parte de un mundo grande y emocionante. El ciclo menstrual me hace sentir que soy parte de los ciclos del mundo: de las estaciones, del día y de la noche; es muy agradable”.

Catalina: "Sé que estoy sana cuando mis menstrua-
ciones son normales".

María: “A veces, antes de que me llegue la regla, me siento triste y no sé por qué”.

Alejandra: “Cuando me llega la regla, me encanta cuidar mis plantas. Durante esos días les canto y pienso que me escuchan mejor”.

Mónica: “Cuando estoy menstruando escribo poemas”.

Gabriela: "La mayoría de las veces no me importa quedarme sola en casa por las noches, pero cuando estoy menstruando me siento muy sola si no hay nadie que me haga compañía".

Juanita: “Me encanta salir a caminar por el parque y por la playa, sobre todo cuando tengo la regla”.

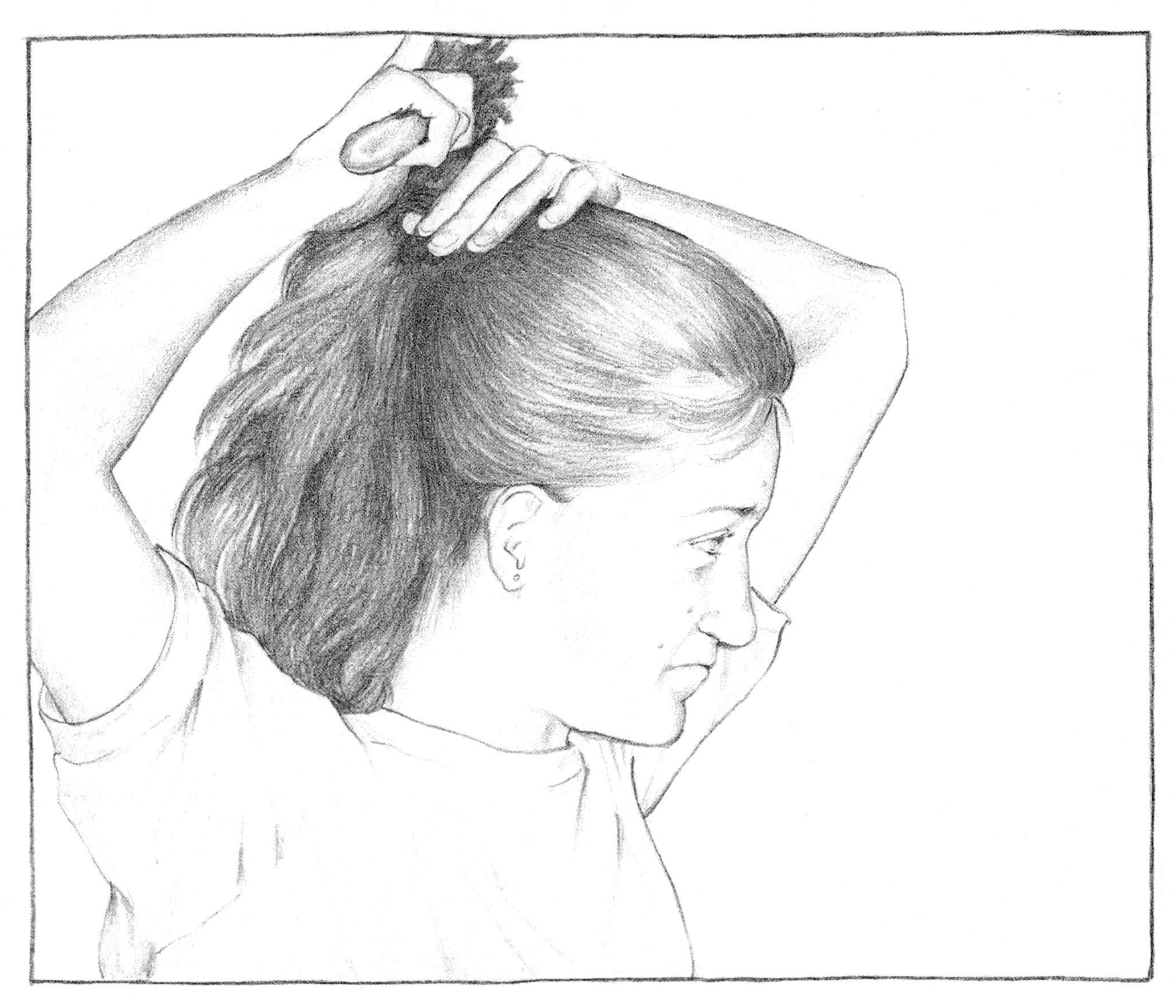

Elisa: “Cuando tengo la regla siempre me siento fea.
Me salen barros y espinillas y los detesto”.

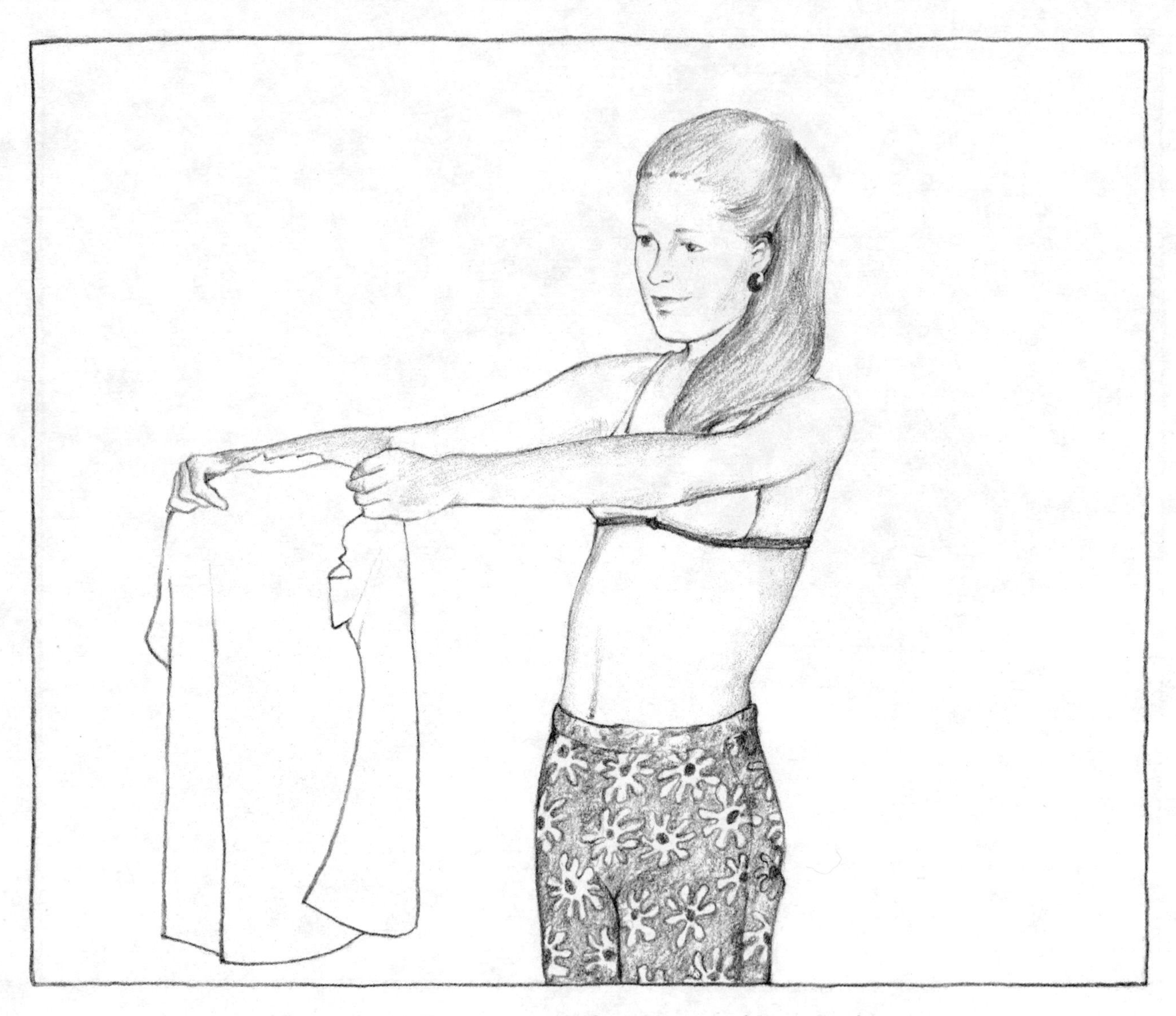

Cristina: "Me gusta arreglarme cuando tengo la regla. Me pongo mi mejor ropa, compro algo nuevo".

María Helena: "Cuando me va a llegar la regla me da por arreglar los estantes, los armarios, los libros. Realmente me encanta hacerlo".

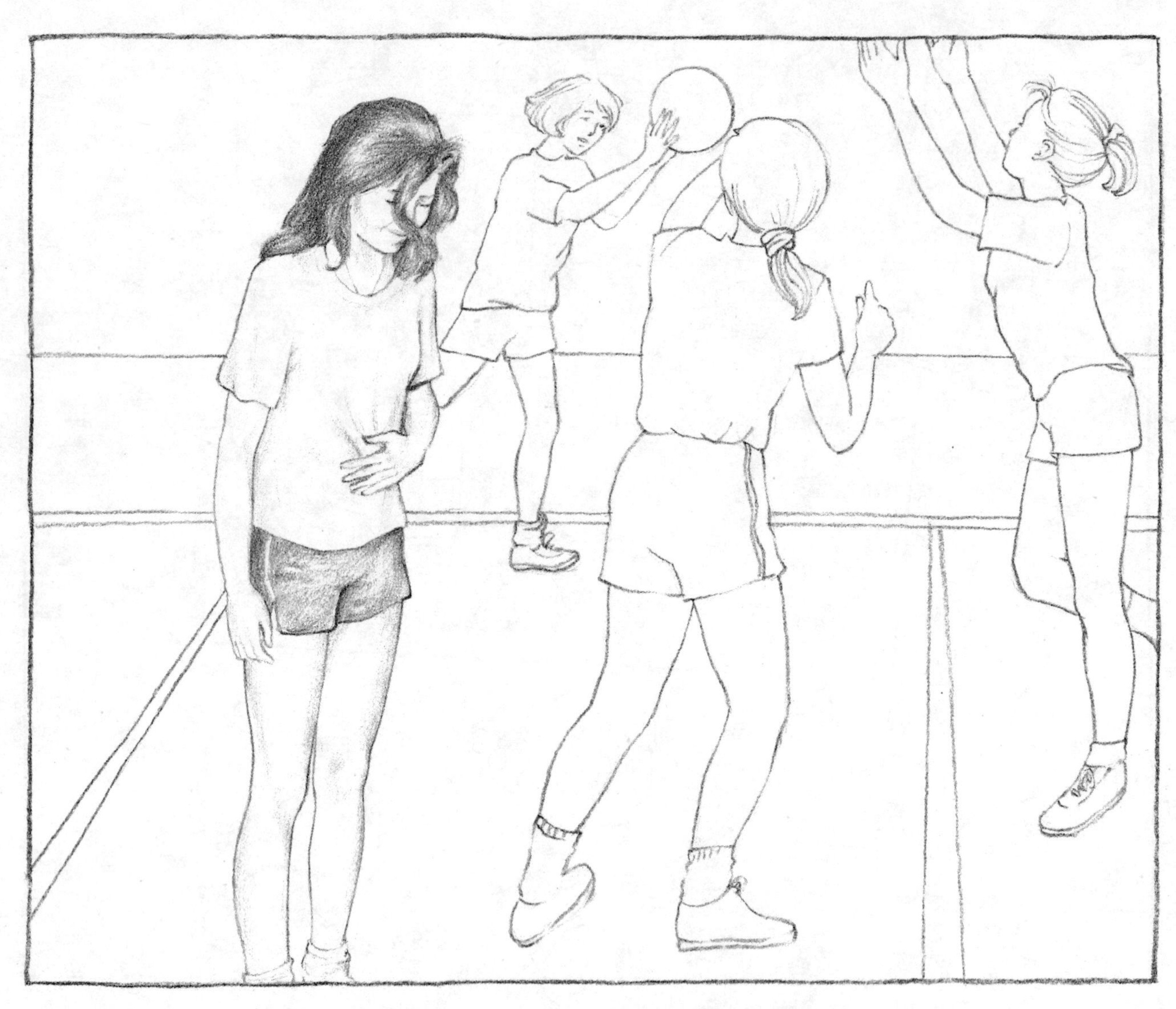

Julia: “Cuando me da cólico, me siento muy mal y el día se me arruina”.

Inés: "A veces me pongo furiosa por cosas sin importancia. Cuando tengo la regla, pierdo la paciencia con mucha facilidad".

Irene: "Cuando tengo la regla me encanta estar con mis amigas".

Juliana: "... me encanta pasar mucho tiempo sola".

Ana María: "A veces pienso que nadie entiende nada de lo que trato de decir".

Verónica: "Si tengo tiempo, me encanta hacer cosas en la cocina cuando tengo la regla".

Marta: “El primer día de la menstruación me siento agotada”.

Clarita: “Tengo más energía que nunca cuando me llega la regla”.

Antonia: “Me parece que dedico mucho tiempo a pensar en cosas importantes, sobre todo cuando tengo la regla”.

Laura: "Me antojo de comer ciertas cosas uno o dos días antes de que me llegue la regla. Me dan ganas de comer fresas o huevos revueltos, y por la noche me levanto a buscar golosinas...".

Erica: “Siento tantas cosas todo el tiempo... La mejor parte de estar sana y de tener la regla es sentirme alegre y con vida”.

No existe una forma determinada en que uno deba sentirse durante la menstruación. Es posible que no sientas nada distinto cuando tengas la regla. Vale la pena repetir que parte de ese algo maravilloso que todas tenemos es ser tan diferentes en tantos aspectos.

INSTITUTO
GINE

¿Qué es un examen pélvico?

Un examen pélvico es aquel en el que un médico u otra persona que trabaje en el campo de la salud examina los órganos femeninos internos y externos. Una enfermera graduada, un ginecólogo o un médico general pueden practicar este examen. El ginecólogo es un especialista en los órganos femeninos.

Así como uno va periódicamente al dentista, también es muy importante someterse a un examen pélvico con regularidad. La próxima vez que vayas al médico cuéntale que has empezado a menstruar, y pregúntale cuándo debes empezar a hacerte exámenes pélvicos regulares.

Las mujeres adultas deben hacerse por lo menos un examen pélvico anual. Es mejor adoptar la costumbre de hacerte un chequeo médico con cierta regularidad en vez de esperar a que te enfermes. Los exámenes periódicos pueden evitar las enfermedades y ¡eso es algo muy importante!

Tenía 20 años cuando me hicieron el primer examen pélvico. ¡Fue una situación muy embarazosa! Fui sola, tratando de actuar como una persona mayor, y como si supiera lo que iba a ocurrir, pero estaba muy asustada. No pregunté qué me iba a pasar y nadie me lo explicó. Por eso fue muy difícil para mí tener que volver al año siguiente para un segundo examen.

El primer examen pélvico no tiene por qué ser una experiencia negativa, sobre todo si sabes de antemano lo que va a suceder. La simple lectura de este capítulo puede hacer que tu primer examen sea más fácil.

Al ir por primera vez a un consultorio médico o a una clínica deberás llenar un formulario con tu historia. Por ejemplo, el médico querrá saber qué enfermedades has tenido o qué enfermedades ha habido en la familia, cuánto tiempo te dura la regla y cuál fue la fecha de tu última menstruación. También conviene que le digas a la enfermera o al médico que éste será tu primer examen pélvico.

Además, si vas con tu mamá o con una amiga, te sentirás más tranquila. Si quieres que una de ellas te acompañe durante el examen es conveniente que llames al consultorio y preguntes si el médico lo permite. Probablemente te contestarán que sí, pero, si la respuesta es negativa y si para ti es importante estar acompañada, es mejor que vayas a donde otro médico.

Deberás entrar en un cuarto de examen. Asegúrate de ir al baño antes de que te examinen. Así será más fácil. Cuando estés en el cuarto de examen, una enfermera o una trabajadora de la salud te pedirá que te desvistas, y te dará una bata para que te la pongas.

El médico examinará primero tus senos. Eso se hace presionando suavemente alrededor de ellos. Verificará si hay algún abultamiento anormal o si hay alguna indicación de enfermedad por la apariencia de la piel del seno. El médico puede indicarte cómo hacerte tú misma este examen. Conviene que lo aprendas para que puedas examinarte regularmente los senos entre un examen pélvico y otro.

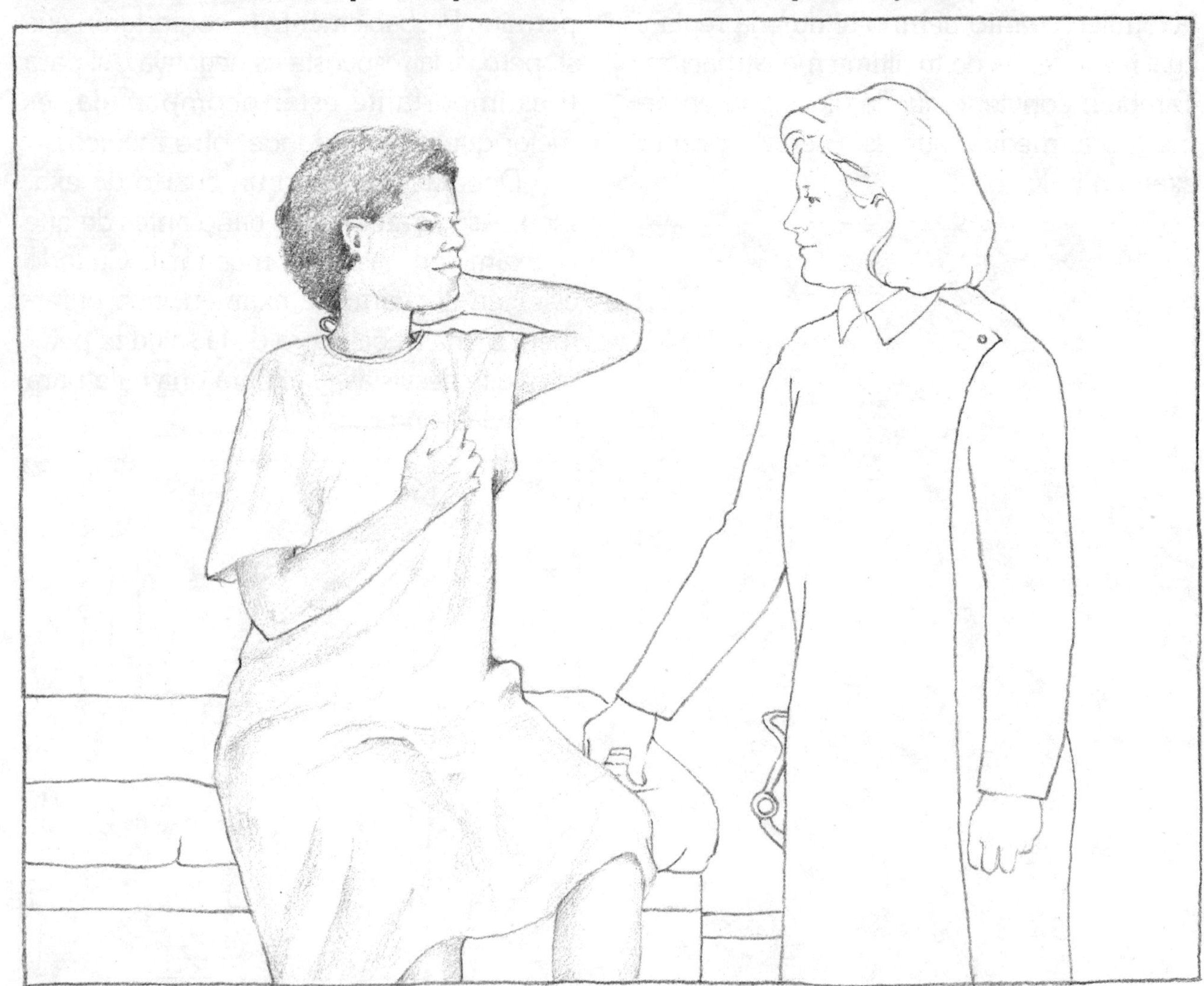

Después vendrá el examen de tus genitales y de tus órganos internos. Deberás acostarte y colocar los pies sobre unos soportes llamados estribos. Hay dos tipos de soportes: en unos apoyas tus pies y en otros son tus piernas las que quedan apoyadas, sostenidas por la parte posterior de la rodilla. Te separarán las piernas y las rodillas para poder ver mejor los genitales. Para muchas niñas y mujeres ésta es la parte más incómoda del examen. No estamos habituadas a mostrar esa parte tan íntima y delicada de nuestro cuerpo, sobre todo a personas extrañas. El examen puede ser más fácil si te lo hace una médica o una trabajadora de la salud, pero no olvides que, sea hombre o mujer, esta persona será alguien que ha hecho este examen cientos de veces. Para ti es nuevo, mas no para quien lo practica, y lo único que le interesa a esa persona es tu salud, nada más.

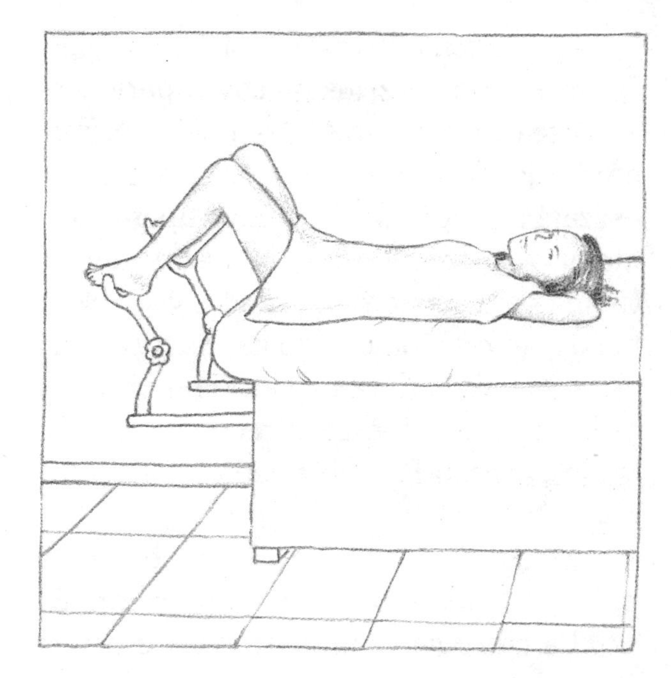

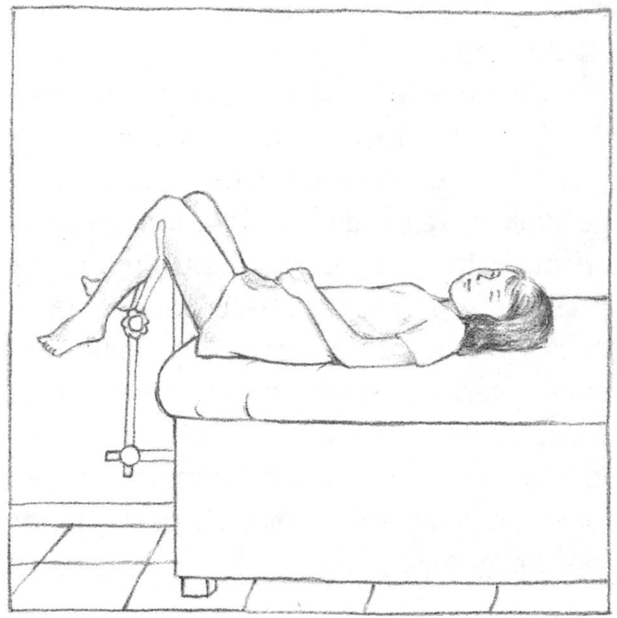

La médica o la trabajadora de la salud observará primero tus genitales para cerciorarse de que estén sanos. Luego examinará tus órganos internos. Para esto utilizará un espéculo. Este es un aparato de metal o de plástico que se inserta en tu vagina para separar las paredes vaginales. Luego se toma una citología. Se toca suavemente la abertura cervical con un aplicador con algodón para recoger algo de tejido cervical. Probablemente ni lo sentirás.

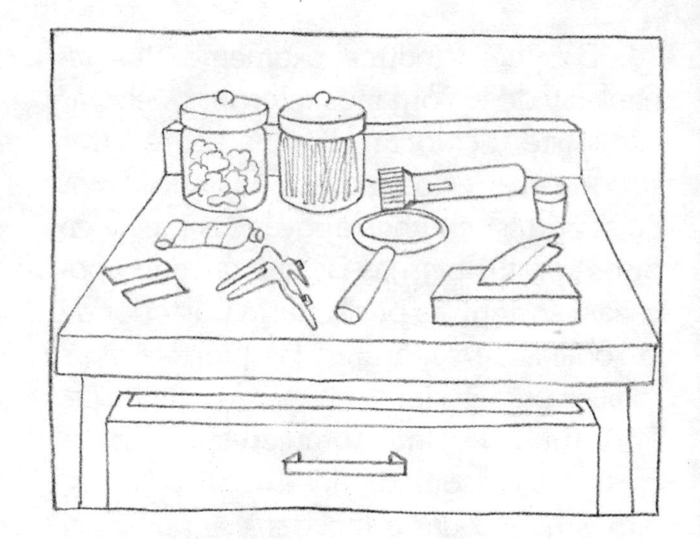

Estas células se colocan sobre una placa de vidrio y se envían a un laboratorio. La citología es un examen que determina el desarrollo normal de las células del cuello uterino.

Después se retira el espéculo. El ginecólogo (o la ginecóloga) se pondrá unos guantes de caucho delgados, aplicará una gelatina sobre sus dedos e insertará un dedo en tu vagina; luego, con la otra mano, te presionará el estómago hacia abajo. Esta es la mejor forma de determinar si el útero, el cuello uterino, los ovarios y las trompas de Falopio son normales y están sanos. Si se lo pides, con seguridad te permitirá colocar tu mano sobre tu estómago para palpar estos órganos.

Si tienes preguntas hazlas durante el examen. Tal vez convenga que hagas una lista antes de llegar al consultorio para que no se te olvide ninguna. A veces los médicos no dan información a menos que uno pregunte. Son tantas las veces que han hecho estos exámenes que no se dan cuenta de que tal vez tú no sepas nada al respecto. Recuerda que se trata de tu cuerpo y que tienes el derecho de saber todo lo que quieras al respecto.

Lo más importante de recordar en cuanto a los exámenes ginecológicos es que debes informar al médico o a la trabajadora de la salud cualquier cosa que hayas observado y que te parezca extraña. Por ejemplo, si sientes algo en tus genitales, si te arden o te pican, o si observas que tienes un flujo (líquido que sale de tu vagina) distinto del normal, no olvides mencionarlo. Si te duelen los senos o si sientes en ellos alguna masa dura, no dejes de contárselo al médico. Es frecuente que cuando los senos comienzan a crecer sean muy sensibles y duelan, pero de todas maneras es mejor decírselo al médico para estar segura de que todo está bien. Mientras más le cuentes al médico o a la trabajadora de la salud, más completo será el examen que te hagan. Lo más importante es asegurarte de que estás sana; después de todo, ése es el objeto de los exámenes pélvicos.

Conclusión

Hemos llegado al final de este libro. Esperamos que te haya gustado y que haya resuelto muchas de tus dudas. Ahora sabes mucho más sobre la menstruación de lo que sabíamos nosotras a los 10 u 11 años de edad. Sin embargo hay dos cosas importantes que debes recordar: Una de ellas es que no hay dos personas exactamente iguales. La otra es que debes hacer preguntas y recibir respuestas acerca de todas aquellas cosas de tu vida que no entiendas. Nosotras aprendimos muchísimo al escribir este libro. Al hablar con algunas de nuestras amigas (tanto niñas como mujeres adultas) nos dimos cuenta de que, con frecuencia, ellas también ignoraban algunas cosas.

Esperamos que ahora que ya sabes cómo funciona tu organismo, el proceso de llegar a ser mujer y de experimentar todos estos cambios te sea más fácil.

¡Suerte!

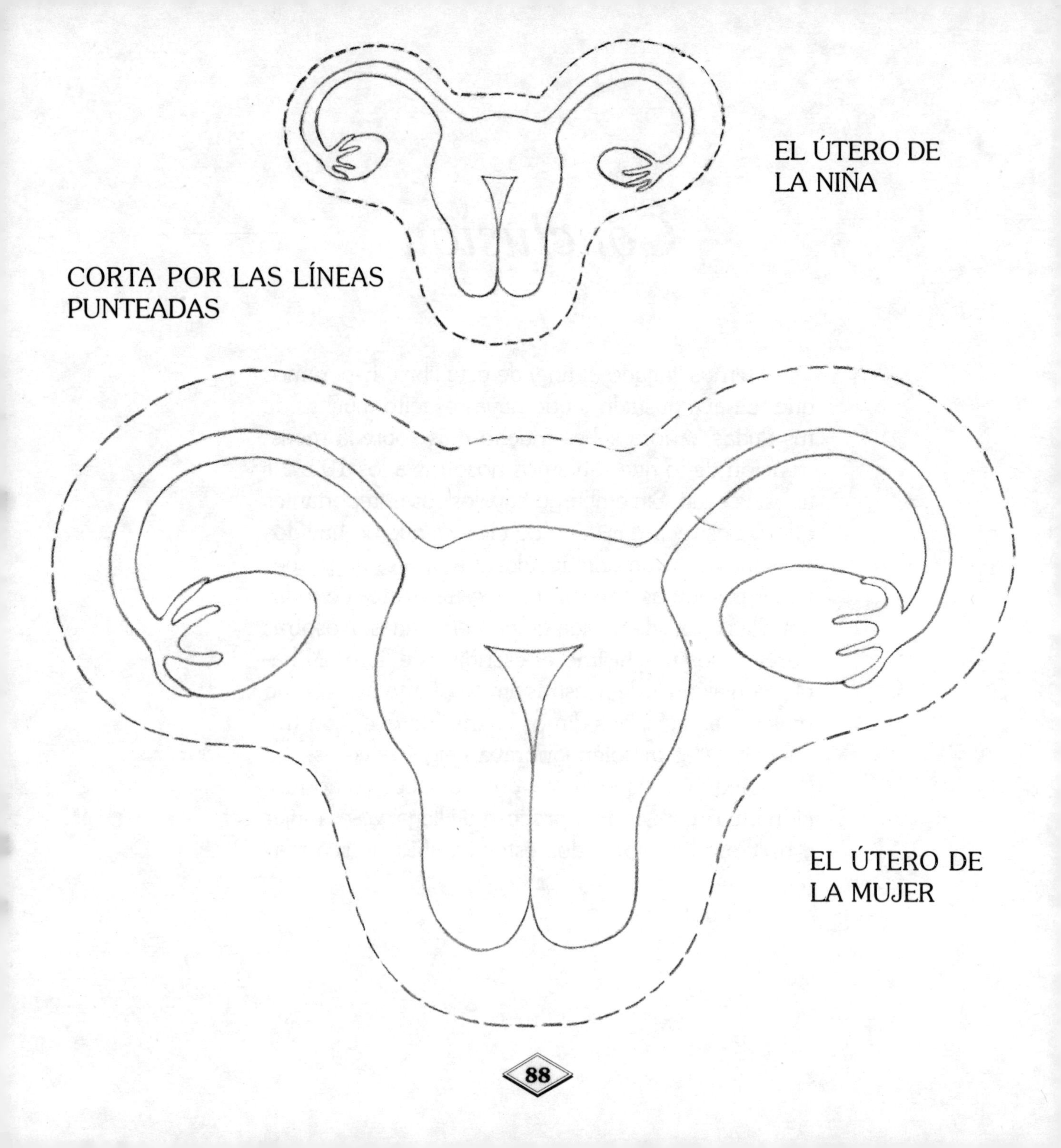
EL ÚTERO DE
LA NIÑA
CORTA POR LAS LÍNEAS
PUNTEADAS
EL ÚTERO DE
LA MUJER